中等职业教育国家规划教材
全国中等职业教育教材审定委员会审定 （修订版）

可编程序控制器技术

第 3 版

主编 戴一平
参编 张　耀　陈礼群
主审 孙　平

机 械 工 业 出 版 社

本书以三菱 FX3U 系列 PLC 为例，系统地介绍了可编程序控制器（PLC）的原理、特点、结构、指令系统和编程方法，以及 PLC 控制系统的设计、安装、调试和维护。本书通过大量的单元程序和完整的控制系统实例展开介绍，以求读者通过典型实例学会应用、举一反三、触类旁通。本书对顺序控制中出现的各种控制要求给出了解决思路和具体程序，使内容更加实用，更加贴近生产实践，也更加便于教学。本书配套资源丰富，书后附有三菱 FX3U 系列 PLC 的性能规格，并附有基于 Windows 的 PLC 编程软件（GX Developer 和 GX Works2）的应用和变频器通信代码相关内容，方便读者学习。

本书是中等职业教育国家规划教材修订版，可供职业学校相关专业教学选用，也可作为技术人员和技工的培训教材或自学用书。

图书在版编目（CIP）数据

可编程序控制器技术/戴一平主编. —3 版 .—北京：机械工业出版社，2024. 5（2025. 8 重印）

中等职业教育国家规划教材：修订版

ISBN 978-7-111-75718-4

Ⅰ. ①可…　Ⅱ. ①戴…　Ⅲ. ①可编程序控制器−中等专业学校−教材　Ⅳ. ①TM571. 61

中国国家版本馆 CIP 数据核字（2024）第 087156 号

机械工业出版社（北京市百万庄大街 22 号　邮政编码 100037）
策划编辑：赵红梅　　　　　　　责任编辑：赵红梅
责任校对：樊钟英　刘雅娜　　　封面设计：马若濛
责任印制：张　博
北京铭成印刷有限公司印刷
2025 年 8 月第 3 版第 4 次印刷
184mm×260mm · 10 印张 · 242 千字
标准书号：ISBN 978-7-111-75718-4
定价：37. 00 元

电话服务　　　　　　　　　　　网络服务
客服电话：010- 88361066　　　机 工 官 网：www. cmpbook. com
　　　　　010- 88379833　　　机 工 官 博：weibo. com/cmp1952
　　　　　010- 68326294　　　金 书 网：www. golden- book. com
封底无防伪标均为盗版　　　机工教育服务网：www. cmpedu. com

前　言

　　党的二十大报告指出，教育、科技、人才是全面建设社会主义现代化国家的基础性、战略性支撑。必须坚持科技是第一生产力、人才是第一资源、创新是第一动力，深入实施科教兴国战略、人才强国战略、创新驱动发展战略，开辟发展新领域新赛道，不断塑造发展新动能新优势。

　　一个传统的自动控制系统主要由检测变送器、控制器、执行器和被控对象组成，并配置人机界面和安全装置以优化系统。目前的控制系统主要包括 PLC、DCS、FCS 等主控设备，使用最多的是 PLC。所以学好 PLC 技术是进入自动控制领域的基础。本书的第 1 版是在2002 年根据教育部颁发的中等职业学校《可编程序控制器原理及应用教学大纲》的要求编写的。随着可编程序控制器技术的不断更新换代，为适应其发展需求，满足职业教育课程改革需要，融入新知识、新技术、新规范和典型案例，现特对本书进行修订。

　　本次修订中，为适应新技术的发展，删除了一些已经过时的技术和内容，对机型、编程软件和典型 PLC 网络的相关内容做了更新；为适应职业教育的需求，增加了视频资料并设计了新的体例结构，使得知识和技术的获取变得更形象、更直观。坚持重视职业技能培养，强调学科标准和职业标准的融合，以培养解决实际问题的能力为抓手，提倡实事求是的科学精神，以大国工匠为榜样，培养专业技术全面、技能熟练、精益求精的高技能人才。

　　本书由戴一平担任主编，张耀、陈礼群参与编写。其中，戴一平编写第二至四章及附录，张耀编写第一章和第五章，陈礼群开发制作了书中配套的视频资源。孙平教授主审了全书，提出了许多建设性的建议和修改意见。本次修订得到了三菱电机（中国）有限公司蔡建国先生和三菱电机自动化（中国）有限公司杨弟平先生的大力支持，得到了浙江机电职业技术学院汤皎平老师、俞秀金老师和朱玉堂老师的热心帮助，在此表示衷心的感谢。

　　由于编者水平有限，书中难免有疏漏和不妥之处，恳请使用本书的师生和广大读者给予批评指正。

编　者

二维码清单

名称	二维码	名称	二维码
1. 学前准备		7. 软件安装	
2. 硬件结构		8.1　GX Works2 软件界面	
3. 实物介绍		8.2　GX Works2 常见问题和使用步骤	
4. 安装与电源接线		9. 工程创建、保存与打开	
5.1　输入接线（1）		10. PLC 与计算机通信	
5.2　输入接线（2）		11. 程序注释与转换	
6. 输出接线		12. 程序写入、读取与监视	

（续）

名称	二维码	名称	二维码
13. PLC 的软元件		17. 基本指令：主控指令	
14. 基本指令：触点指令		18. 基本指令：定时器	
15. 基本指令：合并指令		19. 基本指令：计数器	
16. 基本指令：输出指令		20. 控制案例	

目　录

可编程序控制器（Programmable Logic Controller）简称为 PLC，其外形如图 1-1 所示。

PLC 集微电子技术、计算机技术和通信技术于一体，是一种通用控制器，具有功能强、可靠性高、操作灵活、编程简单等一系列优点，广泛应用于机械制造、汽车、电力、轻工业、环保、电梯等工农业生产和日常生活中。新一代 PLC 还承担了智能制造和工业 4.0 的现场信息采集、传输及边缘计算等任务。

本章在介绍 PLC 的发展、流派、特点、基本构成等概况的同时，着重介绍 PLC 的等效电路、工作原理以及技术规格与分类。

图 1-1　PLC 的外形

第一节　PLC 概述

一、PLC 的发展简史

PLC 的产生源于汽车制造业。

20 世纪 60 年代后期，汽车型号更新速度加快。原先的汽车制造生产线使用的继电 – 接触器控制系统，尽管具有原理简单、使用方便、操作直观、价格便宜等诸多优点，但由于它的控制逻辑由元器件的布线方式来决定，缺乏变更控制过程的灵活性，不能满足用户快速改变控制方式的要求，无法适应汽车换代周期迅速缩短的需要。

20 世纪 40 年代产生的电子计算机，在 20 世纪 60 年代已得到迅猛发展，虽然小型计算机已开始应用于工业生产的自动控制，但因为原理复杂，又需专门的程序设计语言，致使一般电气工作人员难以掌握和使用。

1968 年，美国通用汽车公司（GM）设想将继电器控制与计算机控制两者的长处结合起来，要求制造商为其装配线提供一种新型的通用程序控制器，并提出 10 项招标指标：

1）编程简单，可在现场修改程序。

2）维护方便，最好是插件式。

3）可靠性高于继电器控制柜。

4）体积小于继电器控制柜。

5）可将数据直接送入管理计算机。

6）在成本上可与继电器控制竞争。

7）输入可以是交流 115V（美国电网电压为 110V）。

8）输出为交流 115V、2A 以上，能直接驱动电磁阀。

9）扩展时，原系统只需做很小变更。

10）用户程序至少能扩展到 4KB 以上。

这就是著名的 GM 十条，其主要内容是：用一种能执行程序的控制器来替代硬件接线的继电器系统，用程序代替硬接线，输入、输出端可与外部负载直接连接，结构易于扩展。

也就是在 1968 年，工程师迪克·莫利（Dick Morley）和他的团队正在设计一种坚固的、能不间断使用的模块化数字控制器，称为 084（即 PLC 的原型机）。该设备的功能和 GM 的需求不谋而合，一经使用即获成功。与此同时，还有一群人也在努力创造、设计、完善这种设备，应该说，PLC 的出现是时代的需求和技术进步的必然。

早期的 PLC 主要执行原先由继电器完成的顺序控制、定时等功能，故称为可编程逻辑控制器（PLC）。因其新颖的构思及在控制领域获得的巨大成功，使其得到迅速推广，美国、西欧、日本相继开始引进和研制，我国也于 1977 年研制出第一台具有实用价值的 PLC。

从第一台 PLC 诞生至今，PLC 大致经历了四次更新换代，从以取代继电器为主的逻辑运算和定时、计数等功能的简单逻辑控制器发展到目前具有逻辑控制、过程控制、运动控制、数据处理和联网通信等多功能的控制设备，实现了量和质的飞跃。此外，PLC 开始采用标准化软件系统，增加高级语言编程，并完成了编程语言的标准化工作。人们对此给出了高度评价，并将 PLC 视为现代工业自动化的三大支柱之一。

从 PLC 的发展可见，PLC 早已不是初创时的逻辑控制器了，它确切的名称应为 PC（Programmable Controller）。但鉴于"PC"这个缩写已成为个人计算机（Personal Computer）的专用名词，为避免学术名词的混淆，因此仍沿用 PLC 来表示可编程序控制器。

二、PLC 的定义

国际电工委员会（IEC）分别于 1982 年 11 月、1985 年 1 月和 1987 年 2 月发布了可编程序控制器标准草案第一、二、三稿，并在第三稿中给出了如下定义：

"可编程序控制器是一种数字运算操作的电子系统，专为工业环境下应用而设计。它采用了可编程序的存储器，用于在其内部存储执行逻辑运算、顺序控制、定时、计数和算术运算等面向用户的指令，并通过数字式或模拟式的输入和输出，控制各类型的机械或生产过程。可编程序控制器及其相关外部设备，都应按易于与工业控制系统联成一个整体、易于扩充其功能的原则设计。"

由此可见，可编程序控制器是一种专为工业环境应用而设计制造的计算机，它具有丰富的输入/输出接口，并且具有较强的负载驱动能力。

三、PLC 的几种流派

由于 PLC 的显著优点，它一经诞生，立即受到美国国内其他公司和世界上各工业发达国家的高度关注。从 20 世纪 70 年代初开始，PLC 的生产已发展成一个巨大的产业。

PLC 的生产厂家众多，而且相互不兼容，这给广大的 PLC 用户在学习、选择、使用和开发等方面都带来了不少困难。为了寻求克服这些困难的途径，PLC 产品可按地域划成三种流派。由于同一地域的 PLC 产品互相借鉴较多、互相影响较大、技术渗透较深，且面临的主要市场相同、用户要求相近，因此同一流派的 PLC 产品呈现出较多的相似性，而不同流派的 PLC 产品则差异明显。

按地域分成的三大流派是美国 PLC 产品、欧洲 PLC 产品和日本 PLC 产品。美国和欧洲的 PLC 技术是在相互隔离的情况下独立研究开发的，因此美国和欧洲的 PLC 产品有明显的差异性。日本的 PLC 技术是由美国引进的，对美国的 PLC 产品有一定的继承性，但经多年的开发，已形成独立的一派。

（1）美国的 PLC 产品 美国是 PLC 的生产大国，目前美国已注册的 PLC 生产厂家超过 100 家，著名的有 A－B 公司、通用电气（GE）公司、莫迪康（MODICON）公司和德州仪器（TI）公司等。

（2）欧洲的 PLC 产品 欧洲有数十家已注册的 PLC 生产厂家，著名的有德国西门子（SIEMENS）公司、AEG 公司和法国施耐德（SCHNEIDER）公司等。

（3）日本的 PLC 产品 日本也有数十家 PLC 厂商，生产多达 200 余种 PLC 产品，产品以欧姆龙（OMRON）公司的 C 系列和三菱公司的 F 系列为代表，两者在硬、软件方面有不少相似之处。

将地域作为 PLC 产品流派划分的标准并不十分科学。但广大 PLC 用户可从"同一流派的 PLC 产品呈现出较多的相似性，而不同流派的 PLC 产品则差异明显"的特征，得出其中的实用价值：广大 PLC 用户完全不必在众多 PLC 产品面前一筹莫展，而可以在每一流派中，从在我国最具影响力、最具代表性的 PLC 产品入手，比较容易对该流派中的 PLC 产品举一反三、触类旁通。本书以三菱公司的 FX3U 系列 PLC 为例，介绍 PLC 的原理及应用，读者可以此为入门引导，在实践中继续深入学习。

四、PLC 控制与继电器控制的区别

可编程序控制器既然能替代继电－接触器控制，那么两者相比较，到底有何区别呢？

图 1-2 所示为两张简单的控制电路图，其中，图 1-2a 为继电器控制电路图，图 1-2b 则为 PLC 梯形图。

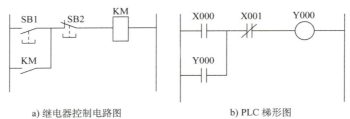

a) 继电器控制电路图　　　　　　　　b) PLC 梯形图

图 1-2　控制电路图比较

从图 1-2 中可以看出，继电器控制电路图和 PLC 梯形图的符号基本类似，结构形式基本相同，所反映的输入、输出逻辑关系也基本一致。它们之间的最大区别在于，在继电器控制方案中，输入、输出信号间的逻辑关系是由实际的布线来实现的；在 PLC 控制方案中，输入、输出信号间的逻辑关系则是由存储在 PLC 内的用户程序（梯形图）实现的。具体来讲有以下区别。

（1）组成器件不同　继电器控制电路中的继电器是真实的，是由硬件构成的；而 PLC 梯形图中的继电器则是虚拟的，是由软件构成的，每个继电器其实是 PLC 内部存储单元中的一位，故称为"软继电器"。

（2）触点情况不同　继电器控制电路中的动合、动断触点由实际的结构决定，而 PLC 梯形图中的触点状态则由软件决定，即由存储器中相应位的状态"1"或"0"决定。因此，继电器控制电路中每只继电器的触点数量是有限的，而 PLC 中每只软继电器的触点数量则是无限的（每使用一次，只相当于对该存储器中的相应位读取一次）；继电器控制电路中的触点寿命较短，而 PLC 中各软继电器的触点寿命则长得多（取决于存储器的寿命）。

（3）工作电流不同　继电器控制电路中有实际电流存在，是可以用电流表直接测得的；而 PLC 梯形图中的工作电流是一种信息流，其实质是程序的运算过程，可称之为"软电流"或"能流"。

（4）接线方式不同　继电器控制电路的所有接线都必须逐根连接，缺一不可；PLC 梯形图中的接线，除输入端、输出端需实际接线外，其余的所有接线都是通过程序的编制来完成的。由于接线方式的不同，在改变控制顺序时，继电器控制电路必须改变其实际的接线，而 PLC 则仅须修改程序，通过软件加以改接即可，其灵活性及速度是继电器控制电路无法比拟的。

（5）工作方式不同　在继电器控制电路中，当电源接通时，各继电器都处于受约束状态，该吸合的都吸合，不该吸合的因受某种条件限制而不吸合；PLC 控制则采用循环扫描执行方式，即从第一阶梯形图开始，依次执行至最后一阶梯形图，再从第一阶梯形图开始继续往下执行，周而复始，因此从激励到响应有一个时间的滞后。

通过比较可以看出，PLC 的最大特点是：用软件提供了一个能随要求迅速改变的"接线网络"，使整个控制过程能根据需要灵活地改变，从而省去了传统继电－接触器控制系统中拆线、接线的大量烦琐费时的工作。

五、PLC 的主要优点

（1）编程简单　PLC 用于编程的梯形图与传统的继电－接触器控制电路有许多相似之处，具有一定电工知识和文化水平的人员可以在较短的时间内学会编制程序的步骤和方法。

（2）可靠性高　PLC 是专门为工业环境而设计的，在设计与制造过程中均采用了诸如屏蔽、滤波、隔离、无触点、精选元器件及定时集中采集输入与输出等多层次有效的抗干扰措施，因此可靠性很高，其平均无故障时间为 2 万小时以上。此外，PLC 还具有很强的自诊断功能，可以迅速方便地检查判断出故障，缩短检修时间。

（3）通用性好　PLC 品种多，档次也多，可由各种组件灵活组合成不同的控制系统，以满足不同的控制要求。同一台 PLC 只要改变软件即可实现控制不同的对象或满足不同的控制要求。在构成不同的 PLC 控制系统时，只需在 PLC 的输入/输出端子上接入相应的输入/输出元件，PLC 就能接收输入信号和输出控制信号。

（4）功能丰富　PLC 能进行逻辑、定时、计数和步进等控制，能完成 A/D 与 D/A 转换、高速脉冲输出与 PID 控制、数据处理和通信联网等任务，具有丰富的功能。随着 PLC 技术的迅猛发展，各种新的功能模块也不断得到开发，使 PLC 的功能日益齐全，应用领域也得以进一步拓展。

（5）易于远程监控　目前已形成成熟的 PLC 三层网络，设备层能实现对底层设备的控制、信息采集和传输；控制层能对中间层的各控制器进行数据传输和控制；信息层则对多层网络的信息进行操作与处理。

（6）设计、施工和调试周期短　PLC 以软件编程来取代硬件接线，构成的控制系统结构简单，安装使用方便，而且商品化的 PLC 模块功能齐全，对程序的编制、调试和修改也很方便，因此可大大缩短 PLC 控制系统的设计、施工和投产周期。

六、PLC 的应用

PLC 广泛应用于冶金、采矿、水泥、石油、化工、电力、机械制造、汽车、轻工业、环保及娱乐等行业，应用类型大致可分为如下几种。

（1）逻辑控制　逻辑控制是 PLC 的最基本应用，主要利用 PLC 的逻辑运算、定时和计数等基本功能实现，可取代传统的继电 – 接触器控制，用于单机、多机群和自动生产线等的控制，例如，机床、注塑机、印刷机、装配生产线、电镀流水线及电梯的控制等。这是 PLC 最基本、最广泛的应用领域。

（2）位置控制和运动控制　用于该类控制的 PLC，具有驱动步进电动机或伺服电动机的单轴或多轴位置控制功能模块。PLC 将描述目标位置和运动参数的数据传送给该功能模块，然后由功能模块以适当的速度和加速度确保单轴或多轴的平滑运行，并在设定的轨迹下移动到目标位置。

（3）过程控制　用于该类控制的 PLC，具有多路模拟量输入/输出单元，有的还具有 PID 模块，因此，PLC 可通过对模拟量的控制实现过程控制，具有 PID 模块的 PLC 还可构成闭环控制系统，从而实现单回路、多回路的调节控制。

（4）监控系统　可用 PLC 组成监控系统进行数据采集和处理，并监控生产过程。操作人员在监控系统中可通过监控命令监控有关设备的运行状态，根据需要及时调整定时、计数等设定值，极大地方便了调试和维护。

（5）集散控制　PLC 和 PLC 之间、PLC 和上位计算机之间可以联网，并通过网线或无线手段（如 5G）传送信息，构成多级分布式控制系统，以实现集散控制。

（6）与信息系统数据交互　通过 OPC UA 构建面向服务架构的 PLC 系统，则 MES 等信息系统向 PLC 发送一个数据就是执行一次通信服务，这改变了传统 PLC 与 MES 等信息系统交换数据耗时较长的问题，极大精简了 PLC 与 MES 等信息系统间通信往来的过程，提高了生产调度效率，推动了智能制造的不断深入。

可以预见，随着 PLC 性能的不断提高和 PLC 的进一步推广、普及，PLC 的应用领域还将不断拓展。

七、PLC 的发展趋势

随着 PLC 的推广、应用，PLC 在现代工业中的地位已十分重要。为了占领市场，赢得尽可能大的市场份额，各个 PLC 生产厂商都在原有 PLC 产品的基础上努力地开发新产品，推进 PLC 的新发展。这些发展主要侧重于两个方面：一方面是向着网络化、高可靠性、多功能和管控一体化的方向发展；另一方面则是向着小型化、低成本、简单易用的方向发展。

（1）网络化　网络化和强化通信功能是 PLC 近年来发展的一个重要方向，采用工业以太网、现场总线、RS – 485 等有线通信及 5G、WiFi、NB – IoT 等无线通信，不仅可与各类现场设备互联互通，还可实现与工业互联网平台进行信息交互。此外，建立标准化的开放接口，推动了一度落后于计算机技术和软件技术的自动化系统技术的发展，使之快速跟上了信息技术的进步。而 PLC 有了标准化的开放接口之后，智慧工厂、智慧城市、智慧交通和智慧农业等系统就能快速搭建，并高效协作。

（2）高可靠性　由于控制系统的可靠性日益受到人们的重视，PLC 已将自诊断技术、冗余技术和容错技术广泛地应用于现有产品中，许多公司已推出了高可靠性的冗余系统。

（3）多功能　为了适应各种特殊功能的需要，在 PLC 原有智能模块的基础上，各公司陆续推出了新的功能模块，而 PLC 功能模块的新颖和完备与否也表征了一个生产厂家的实力强弱。

（4）小型化、低成本、简单易用　随着市场的扩大和用户投资规模的不同，许多公司开始重视小型化、低成本及简单易用的系统。世界上已有不少原来只生产中、大型 PLC 产品的厂家正在逐步推出这方面的产品。

（5）控制与管理功能一体化　为了满足现代化大生产的控制与管理需要，PLC 将广泛采用计算机信息处理技术、网络通信技术和图形显示技术，使 PLC 系统的生产控制功能和信息管理功能融为一体。

（6）编程语言向高层次发展　PLC 的编程语言在原有的梯形图语言、功能块语言和指令语言的基础上正不断丰富，并向高层次发展。目前，国际上生产 PLC 的知名厂家正在着手共同开发与遵守 PLC 的标准语言。采用这种标准语言的目的在于把程序编制规范到某种统一的形式上来，以利于 PLC 硬件和软件的进一步开发利用。

第二节　PLC 的基本构成及工作原理

一、PLC 的基本构成

小型 PLC 的基本组成如图 1-3 所示。

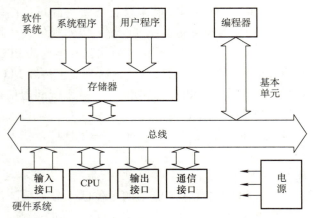

图 1-3　小型 PLC 的基本组成

PLC 的基本组成可分为两大部分：硬件系统和软件系统。

1. 硬件系统

硬件系统是指组成 PLC 的所有具体设备，其基本单元主要由中央处理器（CPU）、总线、存储器、输入/输出（I/O）接口、通信接口和电源等部分组成，此外，还有编程器、扩展设备、EPROM 读/写板和打印机等选配的设备。为了维护、修理的方便，许多 PLC 采用模块化结构。由中央处理器和存储器组成主控模块，输入单元组成输入模块，输出单元组成输出模块，三者通过专用总线构成主机，并由电源模块供电。

（1）中央处理器（CPU）　CPU 是 PLC 的核心部件，控制所有其他部件的操作。CPU 一般由控制电路、运算器和寄存器组成。这些电路一般都集成在一个芯片上。CPU 通过地址总线、数据总线和控制总线与存储单元和输入/输出（I/O）单元连接。和一般的计算机 CPU 一样，PLC 的 CPU 的主要功能是从存储器中读取指令，执行指令，准备读取下一条指令和中断处理。其主要任务是接收、存储由编程工具输入的用户程序和数据，并通过显示器显示出程序的内容和存储地址；检查、校验用户程序；接收、调用现场信息；执行用户程序和故障诊断。

（2）总线　总线是为了简化硬件电路设计和系统结构，用一组线路配置适当的接口电路，使 CPU 与各部件和外围设备连接的共用连接线路。总线分为内部总线、系统总线和外部总线。内部总线是计算机内部各外围芯片与 CPU 之间的总线，用于芯片一级的互连；而系统总线是 PLC 中各插件板与系统板之间的总线，用于插件板一级的互连；外部总线则是 PLC 和外部设备之间的总线。总线从传送的信息看又可分为地址总线、控制总线和数据总线。

（3）存储器　存储器是具有记忆功能的半导体器件，用于存放系统程序、用户程序、逻辑变量和其他信息。根据存放信息的性质不同，在 PLC 中常使用以下类型的存储器。

1）只读存储器（ROM）：只读存储器中的内容由 PLC 制造厂家写入，并永久驻留，PLC 掉电后，ROM 中的内容不会丢失，且用户只能读取 ROM 中的内容，不能改写，因此 ROM 中存放系统程序。

2）随机存储器（RAM）：随机存储器又称为可读/写存储器。信息读出时，RAM 中的内容保持不变；写入时，新写入的信息将覆盖原来的内容。它用来存放既要读出、又要经常修改的内容。因此，RAM 常用于存入用户程序、逻辑变量和其他一些信息。掉电后，RAM 中的内容不再保留，为了防止掉电后 RAM 中的内容丢失，PLC 使用锂电池作为 RAM 的备用电源，在 PLC 掉电后，RAM 由电池供电，保持存储在 RAM 中的信息。目前，很多 PLC 采用快闪存储器作为用户程序存储器，快闪存储器可随时读/写，掉电时数据不会丢失，不须用备用电源保护。

3）可擦可编程只读存储器（EPROM、EEPROM）：EPROM 是只读存储器，掉电后，写入的信息不丢失，但要改写信息时，必须先用紫外线擦除原信息，才能重新改写。一些小型的 PLC 厂家也常将系统程序驻留在 EPROM 中，用户调试好的用户程序也可固化在 EPROM 中。EEPROM 也是只读存储器，不同的是写入的信息用电擦除。

（4）输入/输出（I/O）接口　I/O 接口是 PLC 进行工业控制的输入信号与输出控制信号的转换接口。需要将控制对象的状态信号通过输入接口转换成 CPU 的标准电平，并将 CPU 处理结果输出的标准电平通过输出接口转换成执行机构所需的信号形式。为确保 PLC 的正常工作，I/O 接口应具有如下功能。

1）能可靠地从现场获得有关的信号，能对输入信号进行滤波、整形及变换成 CPU 可接受的电平信号，输入电路应与 CPU 隔离。

2）把 CPU 的输出信号转换成有较强驱动能力的、执行机构所需的信号，输出电路也应与 CPU 隔离。

（5）通信接口 为了实现"人-机"或"机-机"之间的对话，PLC 配有通用 RS -232、RS -422/485、USB 通信接口和多种专用通信接口，通过这些通信接口可以与监视器、打印机、其他的 PLC 或计算机相连。PLC 还备有扩展接口，用于将扩展单元与基本单元相连，使 PLC 的配置更加灵活，为了满足更加复杂的控制功能的需要，PLC 也会配有多种智能 I/O 接口。

（6）电源 小型整体式 PLC 内部有一个开关式稳压电源，该电源一方面可为 CPU 板、I/O 板及扩展单元供电，另一方面也为外部输入元件提供 24V 直流电源输出。电源的性能直接影响到 PLC 的可靠性，因此人们在电源的隔离、抗干扰、功耗、输出电压波动范围和保护功能等方面都提出了较高的要求。

2. 软件系统

软件系统是指管理、控制、使用 PLC 并确保 PLC 正常工作的一整套程序。这些程序有来自 PLC 生产厂家的，也有来自用户的。一般称前者为系统程序，后者为用户程序。系统程序是指控制和完成 PLC 各种功能的程序，它侧重于管理 PLC 的各种资源，控制各硬件的正常动作，协调各硬件组成间的关系，以便充分发挥整个 PLC 的使用效率，方便广大用户的直接使用。系统程序的质量很大程度上决定了 PLC 的性能。系统程序主要由系统管理程序、用户指令解释程序、标准程序模块与系统调用程序组成。用户程序是指使用者根据生产工艺要求编写的控制程序，它侧重于使用，即侧重于输入、输出之间的控制关系。用户程序的编辑、修改、调试、监控和显示由编程器或安装了编程软件的计算机通过通信接口完成。

二、PLC 控制的等效电路

为了理解 PLC 的工作原理，现以一个最简单的电动机控制电路为例，说明其工作方式及原理。

三相异步电动机起动、停止控制电路如图 1-4 所示。其中，图 1-4a 是主电路，图 1-4b 是控制电路。

在控制电路中，输入信号通过按钮 SB1 的动合触点、按钮 SB2 的动断触点和热继电器的动断辅助触点发出，输出信号则由交流接触器的线圈 KM 发出。

在主电路中 QS 闭合的前提下，一旦控制电路中 KM 线圈得电，则主电路中的 KM 动合主触点闭合上，电动机旋转；若控制电路中的 KM 线圈失电，则主电路中的 KM 动合主触点断开，电动机就停转。显然，输入、输出信号间的逻辑关系由控制电路实现，而主电路中的三相异步电动机则是被控对象。

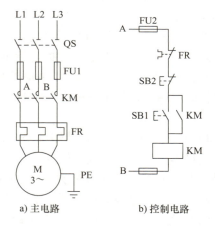

a) 主电路　　b) 控制电路

图 1-4　三相异步电动机起动、停止控制电路

当控制电路中的 SB1 闭合，发出起动信号后，KM 线圈得电，主电路中的 KM 动合主触点闭合，电动机得电起动运转；同时控制电路中的 KM 辅助触点闭合，由于该触点与 SB1 并联，形成"或"逻辑关系，因此即使此时 SB1 断开，KM 线圈仍然得电，电动机也继续运转。在控制电路中，SB2 的动断触点与 KM 线圈串联，形成"与"逻辑关系，因此当控制电路中的 SB2 动断触点断开时，KM 线圈失电，主电路中的 KM 主触点断开，电动机失电停

转。若电动机过载，主电路中的热继电器动作，控制电路中的 FR 动断辅助触点断开，KM 线圈失电，主电路中的 KM 主触点断开，电动机失电停转，以实现对电动机的保护，这也是一种"与"逻辑关系。

图 1-4 中的控制电路可用 PLC 实现，如图 1-5 所示。

在图 1-5 中，X000、X001、X002 为 PLC 的输入端，Y000 为 PLC 的输出端，PLC 接收输入端的信号后，通过执行存储在 PLC 内的用户程序，实现输入、输出信号间的逻辑关系，并根据逻辑运算的结果经由输出端完成控制任务。

从图 1-5 中可以看出，在 PLC 控制

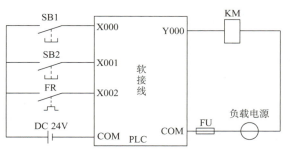

图 1-5　PLC 控制系统

系统中，接在输入端并向 PLC 输入信号的器件与继电器控制系统基本相同，接在输出端并接受 PLC 输出信号的器件也与继电器控制系统基本相同。两者不同的是：PLC 中输入、输出信号间的逻辑关系——控制功能是由存储在 PLC 内的软接线（用户程序）决定的，而继电器控制电路中输入、输出信号间的逻辑关系——控制功能，则是由实际的布线来实现的。由于 PLC 采用软件建立输入、输出信号间的控制关系，因此可以灵活、方便地通过改变用户程序实现控制功能的改变。

下面把图 1-5 中 PLC 方框内的"软接线"内容都画出来，即可得到 PLC 控制系统的等效电路图，如图 1-6 所示。

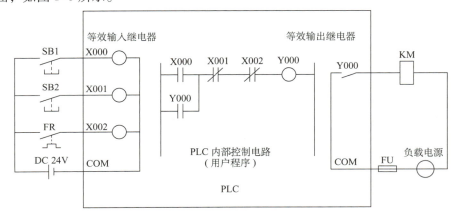

图 1-6　PLC 控制系统的等效电路图

图 1-6 中的 X000、X001、X002 可以理解为"输入继电器"，Y000 则可以理解为"输出继电器"，当然它们都是"软继电器"。

说明：为了区分软继电器和硬继电器，本书中的硬继电器触点按照国家标准称为"动合触点"或"动断触点"，其图形符号仍按国家标准绘制；软继电器触点则称为"常开触点"或"常闭触点"，其中常开触点用"╢╟"表示，常闭触点用"╫"表示；这里的线圈暂时用"─○─"表示，为了和即将介绍的编程软件一致，今后的线圈用"─( )─"表示。这样的称呼和表示，目的是便于读者学习。

三、PLC 的工作原理

1. PLC 的工作方式

PLC 运行时，需要进行大量的操作，这迫使 PLC 中的 CPU 只能根据分时操作的方式，按一定的顺序，在每一时刻执行一个操作，并按顺序逐个执行。这种分时操作的方式，称为 CPU 的扫描工作方式，它是 PLC 进行实时控制的一种常用方式。当 PLC 运行时，在经过初始化后，即进入扫描工作方式，且周而复始地重复进行此工作方式，因此称 PLC 的工作方式为循环扫描工作方式。

PLC 的整个循环扫描工作方式可用图 1-7 所示的流程图表示。

很容易看出，PLC 在初始化后，进入循环扫描。PLC 一次扫描的过程，包括内部处理、通信服务、输入采样、程序处理、输出刷新共五个阶段，其所需时间称为扫描周期。显然，PLC 的扫描周期应与用户程序的长短和该 PLC 的扫描速度紧密相关。

PLC 在进入循环扫描前的初始化，主要是所有内部继电器复位，输入、输出暂存器清零，定时器预置，扩展单元识别等。以保证它们在 PLC 进入循环扫描后能正确无误地工作。

进入循环扫描后，在内部处理阶段，PLC 自行诊断内部硬件是否正常，并把 CPU 内部设置的监视定时器自动复位。PLC 在自行诊断中，一旦发现故障将立即停止扫描，并显示故障情况。

在通信服务阶段，PLC 与上、下位机通信，并与其他带微处理器的智能装置通信。PLC 会接受并根据优先级别处理来自它们的中断请求，响应编程器键入的命令，更新编程器显示的内容等。

当 PLC 处于停止（STOP）状态时，PLC 只循环完成内部处理和通信服务两个阶段的工作；当 PLC 处于运行（RUN）状态时，则循环完成内部处理、通信服务、输入采样、程序处理、输出刷新五个阶段的工作。

图 1-7　PLC 的整个循环扫描工作方式的流程图

循环扫描的工作方式既简单直观，又便于用户程序的设计，且为 PLC 的可靠运行提供了保障。这种工作方式，使 PLC 一旦扫描到用户程序的某一指令，经处理后，其处理结果就可立即被用户程序中后续扫描到的指令所应用。而且 PLC 可通过 CPU 内部设置的监视定时器，监视每次扫描是否超过规定时间，以便有效地避免因 CPU 内部故障导致程序进入死循环的情况。

2. PLC 程序执行的过程

根据上述 PLC 的工作过程可以得出从输入端子到输出端子的信号传递过程，如图 1-8 所示。

PLC 的程序执行过程分为输入采样、程序处理和输出刷新三个阶段。

（1）输入采样阶段（简称"读"）　在这一阶段，PLC 读入所有输入端子的状态信息，并将各状态信息存入输入暂存器，此时输入暂存器被刷新。在程序处理阶段和输出刷新阶段中，即使输入端子的状态发生变化，输入暂存器所存的内容也不会改变。这充分说明输入暂存器的刷新仅仅在输入采样阶段完成，输入端子状态的每一次变化，只有在一个扫描周期的输入采样阶段才会被读入。

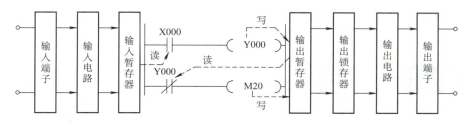

图 1-8 信号传递过程

（2）程序处理阶段（简称"算"） 在这一阶段，PLC 按从左至右、自上而下的顺序对用户程序的指令逐条扫描、运算。当遇到跳转指令时，则根据跳转条件满足与否，决定是否跳转及跳转到何处。在处理每一条用户程序的指令时，PLC 首先根据用户程序指令的需要，从输入暂存器或输出暂存器中读取所需内容，然后进行算术逻辑运算，并将运算结果写入输出暂存器中。可以看出，在这一阶段，随着用户程序的逐条扫描、运算，输出暂存器中所存放的信息会不断地被刷新，而当用户程序扫描、运算结束之时，输出暂存器中所存放的信息应是 PLC 本周期处理用户程序后的最终结果。

（3）输出刷新阶段（简称"写"） 在这一阶段，输出暂存器将上一阶段中最终存入的内容，转存入输出锁存器中。而输出锁存器所存入的内容，作为 PLC 输出的控制信息，通过输出端去驱动输出端所接的外部负载。由于输出锁存器中的内容是 PLC 在一个扫描周期中对用户程序进行处理后的最终结果，因此外部负载所获得的控制信息应是用户程序在一个扫描周期中被扫描、运算后的最终信息。

应当强调的是，在程序处理阶段，PLC 根据用户程序的每条指令的需要，以输入暂存器和输出暂存器所寄存的内容作为条件进行运算，并将运算结果作为输出信号，写入输出暂存器。输入暂存器中的内容取决于本周期输入采样阶段时、采样脉冲到来前各输入端的最终状态。通过输出锁存器传送至输出端的信号则取决于本周期输出刷新阶段前最终写入输出暂存器的内容。

程序执行的过程因 PLC 的机型不同而略有区别。如有的 PLC，输入暂存器的内容除了在输入采样阶段刷新以外，在程序处理阶段，也间隔一定时间进行刷新。同样，有的 PLC，输出锁存器除了在输出刷新阶段刷新以外，在程序处理阶段，凡是程序中有输出指令的地方，该指令执行后也立即进行一次输出刷新。有的 PLC，还专门为此设有立即输入、立即输出指令。这些 PLC 在循环扫描工作方式的大前提下，对于某些急需处理、响应的信号，采用了中断处理方式。

从上述分析可知，当 PLC 的输入端有一个输入信号发生变化，到 PLC 输出端对该变化给出响应，需要一段时间，这段时间称作响应时间或滞后时间，这种现象则称为 PLC 输入/输出响应的滞后现象。这种滞后现象产生的原因，虽然是由于输入滤波器有时间常数，输出继电器有机械滞后等，但最主要的，还是来自于 PLC 按周期进行循环扫描的工作方式。

由于 CPU 的运算处理速度很快，因此 PLC 的扫描周期都相当短，对于一般的工业控制设备来说，这种滞后还是可以允许的。而对于一些输入/输出需要做出快速响应的工业控制设备，PLC 除了在硬件系统上采用快速响应模块、高速计数模块等以外，也可在软件系统上采用中断处理等措施来尽量缩短滞后时间。同时，用户在程序语句的编写安排上也是完全可以挖掘潜力的。因为在 PLC 的循环扫描过程中占用时间最长的是程序处理阶段，所以，对于一些大型的用户程序，如果用户能将它编写得简略、紧凑、合理，也有助于缩短滞后时间。

第三节　PLC 的技术规格与分类

一、PLC 的一般技术规格

PLC 的一般技术规格，主要指的是 PLC 所具有的电气、机械和环境等方面的规格。虽然各厂家的项目各不相同，但大致有如下项目。

（1）电源电压　PLC 所需要外接的电源电压，通常分为交流、直流两种形式。

（2）允许电压范围　PLC 外接电源电压所允许的波动范围，也分为交流、直流两种形式。

（3）消耗功率　PLC 所消耗的电功率的最大值。与电源电压相对应，分为交流、直流两种形式。

（4）冲击电流　PLC 能承受的冲击电流的最大值。

（5）绝缘电阻　交流电源外部所有端子与外壳端子间的绝缘电阻。

（6）耐压　交流电源外部所有端子与外壳端间，1min 内可承受的交流电压最大值。

（7）抗干扰　PLC 可以抵抗的干扰脉冲峰－峰值、脉宽和上升沿。

（8）抗振动　PLC 能抵御的振动频率、振幅、加速度及在 X、Y、Z 三个方向的时间。

（9）耐冲击　PLC 能承受的冲击力强度及在 X、Y、Z 三个方向上的次数。

（10）环境温度　使用 PLC 的温度范围。

（11）环境湿度　使用 PLC 的湿度范围。

（12）环境气体状况　使用 PLC 时，是否允许周围有腐蚀性气体等方面的气体环境要求。

（13）保存温度　保存 PLC 所需的温度范围。

（14）电源保持时间　PLC 要求电源保持的最短时间。

二、PLC 的基本技术性能

PLC 的基本技术性能主要是指 PLC 所具有的软、硬件方面的性能指标。由于各厂家的 PLC 产品技术性能均不相同，且各具特色，因此不可能一一介绍，只能介绍一些基本的技术性能。

（1）输入/输出控制方式　PLC 的循环扫描及其他控制方式，如即时刷新、直接输出等。

（2）编程语言　编制用户程序时所使用的语言。

（3）指令长度　一条指令所占的字数或步数。

（4）指令种类　PLC 具有的基本指令、特殊指令的类别与数量。

（5）扫描速度　扫描速度一般以执行 1000 步指令所需的时间来衡量，故单位为 ms/k；有时也以执行一步的时间来衡量，此时单位为 μs/步。

（6）程序容量　PLC 对用户程序的最大存储容量。

（7）最大 I/O 点数　表示在不带扩展、带扩展两种情况下的最大 I/O 总点数。

（8）内部软继电器种类及数量　PLC 内部有许多软继电器，可用于存放变量状态、中间结果和数据，以及用于计数、定时等，其中一些还给用户提供了许多特殊功能，以简化用户程序的设计。

（9）特殊功能模块 特殊功能模块可完成某一种特殊的专门功能，它们的数量多少、功能强弱，常常是衡量 PLC 产品水平高低的一个重要标志。

（10）模拟量 可进行模拟量处理的点数和分辨率。

（11）中断处理 可接受外部中断信号的点数及响应时间。

三、PLC 的分类

PLC 的种类很多，使其在实现的功能、内存容量、控制规模和外形等方面都存在较大的差异，因此，PLC 的分类没有一个严格、统一的标准，而是按 I/O 总点数、组成结构和功能进行大致的分类。

1. 按 I/O 总点数分类

（1）小型 PLC I/O 总点数为 256 点及以下的 PLC。

（2）中型 PLC I/O 总点数超过 256 点，且在 2048 点以下的 PLC。

（3）大型 PLC I/O 总点数为 2048 点及以上的 PLC。

当然，还有把 I/O 总点数少于 32 点的 PLC 称为微型或超小型 PLC，而把 I/O 总点数超过万点的 PLC 称为超大型 PLC 的。

此外，不少 PLC 生产企业根据自己生产的 PLC 产品的 I/O 总点数情况，也存在着企业内部的划分标准。应当指出，目前国际上对于 PLC 按 I/O 总点数分类并无统一的划分标准，而且可以预料，随着 PLC 的发展，按 I/O 总点数分类的具体划分标准也势必会出现一些变化。

2. 按组成结构分类

（1）整体式 PLC 整体式 PLC 是将 CPU、存储器、I/O 单元、电源等硬件都装在一个机箱内的 PLC。整体式 PLC 也可由包含一定 I/O 点数的基本单元（称主机）和含有不同功能的扩展单元构成。这种 PLC 具有结构紧凑、体积小、价格低廉等优点，但维修不如模块式 PLC 方便。整体式 PLC 较多见于微型、小型机。

（2）模块式 PLC 模块式 PLC 是将 PLC 的各部分分成若干个单独的模块，如将 CPU、存储器组成主控模块，将电源组成电源模块，将若干输入点组成输入模块，将若干输出点组成输出模块，将某项功能专门制成一定的功能模块等。模块式 PLC 可由用户自行选择所需要的模块再安插到框架或底板上构成。这种 PLC 具有配置灵活、装配方便、便于扩展和维修等优点，较多用于中型、大型 PLC，但目前也有一些小型机采用模块式结构。

近期，还出现了把整体式、模块式两者优点结合为一体的一种 PLC 结构，即所谓的叠装式 PLC。其 CPU 和存储器、电源、I/O 单元等依然是各自独立的模块，但它们之间通过电缆连接，且可一层层地叠装，因此既保留了模块式 PLC 可灵活配置的优点，也体现了整体式 PLC 体积小巧之优点。

3. 按功能分类

（1）低档机 低档机具有逻辑运算、定时、计数、移位、自诊断和监控等基本功能，还可能具有少量的模拟量输入/输出、算术运算、数据传送与比较、远程 I/O 及通信等功能。

（2）中档机 中档机除具有低档机的功能外，还具有较强的模拟量输入/输出、算术运算、数据传送与比较、数据转换、远程 I/O、子程序及通信联网等功能。还可能增设中断控制与 PID 控制等功能。

　　（3）高档机　高档机除具有中档机的功能外，还有符号运算（32 位双精度加、减、乘、除及比较）、矩阵运算、位逻辑运算（置位、清除、右移、左移）、二次方根运算及其他特殊功能函数的运算、表格及表格传送等功能。而且高档机具有更强的通信联网功能，可用于大规模过程控制，构成 PLC 的集散控制系统或整个工厂的自动化网络。

1. PLC 是在什么样的基础上发展起来的？可粗略分为几种流派？

2. 画出 PLC 的基本组成框图。

3. 什么是 PLC 的系统程序？什么是 PLC 的用户程序？它们各有什么作用？

4. PLC 基本单元由哪几部分组成？它们的作用各是什么？

5. PLC 的存储器有几类？分别存放什么信息？

6. PLC 处于运行状态时，输入端状态的变化将在何时存入输入暂存器？

7. PLC 处于运行状态时，输出锁存器中存放的内容是否会随着用户程序的执行而变化？为什么？

8. PLC 处于停止状态时会完成哪些工作？

9. 画出 PLC 的等效电路，并说明它与继电器控制电路的最大区别。

10. 按结构不同可将 PLC 分为几种？它们各有什么优、缺点？

第二章　可编程序控制器的硬件系统

本章以三菱公司的 FX3U 系列 PLC 为例讲解 PLC 的硬件结构、基本功能和型号规格，剖析基本 I/O 单元，介绍模拟量 I/O 单元和其他的特殊扩展设备。通过对典型机型的学习，熟悉 PLC 的硬件配置，为进一步学习指令系统和设计 PLC 控制系统打好基础。

第一节　FX 系列 PLC 简介

三菱 FX 系列 PLC 主要有 FX1S、FX0N、FX1N、FX2N、FX3U、FX3G、FX3UC、FX5U 等几个系列。以下对 FX1S、FX1N、FX2N 和 FX3U 系列做一下简单介绍。

一、基本单元

1. FX1S 系列

FX1S 系列 PLC 是三菱 PLC 家族中体积最小的产品，大小只有一张卡片那么大，适用于极小规模的控制，即控制规模为 10~30 点，如图 2-1a 所示。FX1S 系列 PLC 虽然小，却具有完整的性能和通信功能等扩展性，常用于一些用小型 PLC 无法控制的领域。

2. FX1N 系列

FX1N 系列 PLC 是三菱公司推出的普及型 PLC，如图 2-1b 所示。FX1N 系列 PLC 的输入/输出最多可扩展到 128 点，还具有模拟量控制、通信和链接功能等扩展性，广泛应用于一般的顺序控制。

3. FX2N 系列

FX2N 系列 PLC 如图 2-1c 所示，具有高速处理及可扩展大量满足单个需要的特殊功能模块等特点，可为工厂自动化应用提供很大的灵活性和控制能力。

4. FX3U 系列

FX3U 系列 PLC 如图 2-1d 所示。FX3U 相比此前的 PLC 产品，其基本性能大幅提升，特别是在脉冲输出和定位功能方面。FX1S/FX1N/FX2N 基本单元内置的脉冲输出功能为 Y0、Y1 两点（其中 FX1S/FX1N 为 100kHz，FX2N 为 20kHz），而 FX3U 增加到三点，分别为 Y0、Y1、Y2，频率为 100kHz。FX1S/FX1N/FX2N 在使用脉冲输出指令或定位指令时，Y0、Y1 不能同时有输出，但 FX3U 的 Y0、Y1、Y2 可以同时有输出。FX3U 同时还增加了新的定位指令，使其定位控制功能更加强大，使用更为方便。

FX1S、FX1N、FX2N 和 FX3U 系列 PLC 的部分性能、特点见表 2-1。

表 2-1　FX1S、FX1N、FX2N 和 FX3U 系列 PLC 的部分性能、特点

系列	FX1S	FX1N	FX2N	FX3U
最小基本单元尺寸 宽（mm）×厚（mm）×高（mm）	60×75×90	90×75×90	130×87×90	130×86×90
基本单元的 I/O 点数	10/14/20/30	14/24/40/60	16/32/48/64/80/128	16/32/48/64/80/128
扩展后的 I/O 点数	—	128	256	384（含远程）
定时器个数	64	256	256	512
计数器个数	32	235	235	235
处理基本指令的时间/μs	0.55~0.7	0.55~0.7	0.08	0.065
程序容量	2000 步	8000 步	16000 步	64000 步
内置脉冲输出	2 点 100kHz	2 点 100kHz	2 点 20kHz	3 点 100 kHz

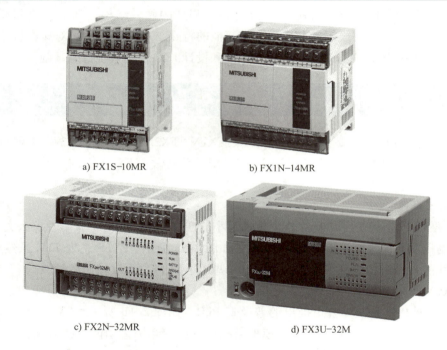

a) FX1S–10MR　　　　　b) FX1N–14MR

c) FX2N–32MR　　　　　d) FX3U–32M

图 2-1　三菱 FX 系列 PLC 外形

二、扩展设备

扩展设备包括扩展单元、扩展模块、特殊扩展单元和特殊扩展模块。

扩展单元及模块是为了经济地得到较多的 I/O 点而设置的一种单元，扩展单元应与基本单元组合使用。例如，某 PLC 的基本单元有 40 个 I/O 点，当它与一个有 20 个 I/O 点的扩展单元组合使用时，整个系统就有了 60 个 I/O 点。

特殊扩展单元及模块用于特殊控制。例如，模拟量 I/O、温度传感器输入、高速计数、PID 控制、位置控制和通信等。

三、编程器

编程器用于用户程序的编写、编辑和调试，以及监控、显示 PLC 的一些系统参数和内部状态，是开发、维护和设计 PLC 控制系统的必要工具。主机内存中的用户程序就是由编程器通过通信接口输入的。对于已设计、安装好的 PLC 控制系统，一般都不带编程器而直

接运行。不同系列 PLC 的编程器互不通用。

编程器一般都具有下列五种功能:

(1)编辑功能 此功能用于实现用户程序的修改、插入和删除等。

(2)编程功能 此功能用于程序的全部清除、程序的写入/读出和程序的检索等。

(3)监视功能 此功能用于对 I/O 点通/断的监视,对内部线圈、计数器和定时器通/断状态的监视,以及跟踪程序运行过程等。

(4)检查功能 此功能用于对语法、输入步骤和 I/O 序号进行检查。

(5)命令功能 此功能用于向 PLC 发出运行、暂停等命令。

编程器可分为简易编程器和智能编程器。简易编程器一般只能与主机联机编程。智能编程器又分为袖珍编程器和大型编程器(带 CRT),它既可联机使用,又可脱机使用。

计算机应用相应的编程软件也可进行 PLC 编程,而且其功能大大强于编程器,因此也是当前最常用的编程工具。

第二节　FX3U 系列 PLC

在认识 FX 系列 PLC 的基础上,为了使读者对 PLC 有一个更深入的了解认识,本节以三菱 FX3U 系列 PLC 为例,详细介绍其性能和产品规格。

一、面板图

图 2-2 所示为 FX3U-48M 基本单元的面板图,该 PLC 的型号名"FX3U-48M"表示其属于 FX3U 系列,输入/输出共 48 点,基本单元。

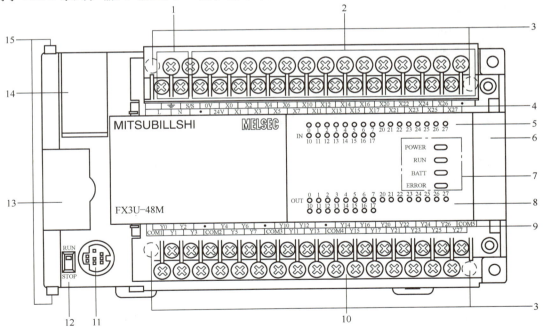

图 2-2　FX3U-48M 基本单元的面板图

1—电源端子　2—输入端子　3—端子台拆装用螺栓　4—输入端子名称　5—输入显示 LED

6—扩展设备连接用接口盖板　7—动作状态显示 LED　8—输出显示 LED　9—输出端子名称　10—输出端子

11—外部设备连接用接口　12—RUN/STOP 开关　13—功能扩展端口盖板　14—电源盖板　15—特殊适配器连接用插孔

输入端子在面板的上半部，输出端子在下半部。在 48 个 I/O 点中有 24 个输入点和 24 个输出点，I/O 点按 1:1 配置，24 个输入点共用一个 S/S 端子。24 个输出点分为 5 组，共有 5 个 COM 端，其中 Y0、Y1、Y2、Y3 合用 COM1，Y4、Y5、Y6、Y7 合用 COM2，Y10、Y11、Y12、Y13 合用 COM3，Y14、Y15、Y16、Y17 合用 COM4，Y20、Y21、Y22、Y23、Y24、Y25、Y26、Y27 合用 COM5。

需要说明的是，FX3U 和前期 PLC（如 FX2N）相比有一个不同点：前期 PLC 输入的公共端称为 COM 端，该端内部和直流电源 0V 相连，24V 端子和 COM 端子提供一组 24V 的直流电源，供给外接传感器使用。而 FX3U 输入电路的公共端（S/S）是独立的，单元中另外单独提供了 0V 和 24V 两个端子，S/S 端子可以接 0V 端子，也可接 24V 端子，这样的安排使得在外接传感器等外部输入设备时更加灵活。

上半部的 L、N 和接地端子用于接入 100～240V（+10%、-15%）交流电源，24V 和 0V 端子提供一组 24V、460mA（48 点及以下者为 250mA）的直流电源，供给外部输入设备用。

输入/输出显示 LED 位于面板的中部。每个 I/O 点都对应一个 LED。输入显示 LED 用于显示输入信号的状态，当有信号输入时，LED 亮。输出显示 LED 用于显示输出信号的状态，当有信号输出时，LED 亮。I/O 点显示 LED 为调试程序和检查运行结果提供了方便。

动作状态显示 LED 有 4 个。其中，POWER（绿）为电源的接通或断开显示，电源接通时亮，电源断开时灭。RUN（绿）为 PLC 工作状态显示，PLC 处于运行或监控状态时亮，处于编程状态或运行异常时灭。BATT（红）为电池电压显示，电池电压降低时亮，提醒应尽快更换电池。ERROR（红）为出错显示，程序错误时闪烁，CPU 错误时长亮。

打开左上角的电源盖板，可看到锂离子电池及连接插座。左侧功能扩展端口盖板下是功能扩展板安装插座和存储器安装插座。左下角是外部设备连接用接口和 RUN/STOP 开关。

二、型号名称及种类

各厂家生产的 PLC 型号表示方式均不相同，FX3U 系列 PLC 的型号表示方法如下。

1. 型号名称组成

基本单元型号名称组成：FX3U－○○M□/□。其中，"FX3U"为系列名；"○○"为合计的 I/O 点数；"M"表示基本单元；"□/□"为电源和输入/输出方式。

2. 电源和输入/输出方式

电源和输入/输出方式可表示为 R/ES、T/ESS、S/ES、R/DS、T/DS、T/DSS 和 R/UA1 等。其中杠前为输出方式，斜杠后为电源方式。

1）输出方式：R、T、S 分别表示继电器、晶体管、晶闸管输出。

2）电源方式：E 表示 AC 电源/DC 24V 输入，D 表示 DC 电源/DC 24V 输入，UA1 表示 AC 电源/AC 100V 输入；S 表示当 PLC 为晶体管输出时为漏型输出，SS 表示当 PLC 为晶体管输出时为源型输出。

表 2-2 中列出了 AC 电源/DC 输入/继电器、晶闸管和晶体管（漏型）输出的基本单元，其他单元可参考用户手册。

表 2-2　AC 电源/DC 输入/继电器、晶闸管和晶体管（漏型）输出的基本单元

输入/输出 (I/O) 总点数	输入点数	输出点数	FX3U 系列		
			AC 电源/DC 输入		
			继电器输出	晶闸管输出	晶体管（漏型）输出
16	8	8	FX3U – 16MR/ES	—	FX3U – 16MT/ES
32	16	16	FX3U – 32MR/ES	FX3U – 32MS/ES	FX3U – 32MT/ES
48	24	24	FX3U – 48MR/ES	—	FX3U – 48MT/ES
64	32	32	FX3U – 64MR/ES	FX3U – 64MS/ES	FX3U – 64MT/ES
80	40	40	FX3U – 80MR/ES	—	FX3U – 80MT/ES
128	64	64	FX3U – 128MR/ES	—	FX3U – 128MT/ES

3. 扩展设备

（1）输入/输出扩展单元　输入/输出扩展单元是内置了电源和输入/输出回路，用于扩展输入/输出的产品，可以给连接在其后的扩展设备供电。其型号名称组成：FX2N – ○○E□ – □/□，其中"○○"表示 I/O 点数，"E"表示扩展单元，"E"后的"□"表示输出方式（S 为晶闸管输出，T 为晶体管输出，R 为继电器输出），"□/□"表示规格区分，部分输入/输出扩展单元见表 2-3，表中未列出规格区分。

（2）输入/输出扩展模块　输入/输出扩展模块没有内置电源，只可以连接在基本单元或者输入/输出扩展单元上使用。部分输入/输出扩展模块见表 2-4。

表 2-3　部分输入/输出扩展单元

输入/输出 (I/O) 总点数	输入点数	输出点数	AC 电源/DC 输入		
			继电器输出	双向晶闸管输出	晶体管输出
32	16	16	FX2N – 32ER	—	FX2N – 32ET
48	24	24	FX2N – 48ER	—	FX2N – 48ET

表 2-4　部分输入/输出扩展模块

输入/输出 (I/O) 总点数	输入点数	输出点数	型号	输入形式	输出形式
16	4	4	FX2N – 8ER	DC 24V	继电器
8	8	0	FX2N – 8EX	DC 24V	—
16	16	0	FX2N – 16EX	DC 24V	—
8	0	8	FX2N – 8EYR		继电器
16	0	16	FX2N – 16EYR		继电器

输入/输出扩展单元和输入/输出扩展模块的型号命名方式相同。不同的是，输入/输出扩展单元和基本单元一样，由内部电源供电，而输入/输出扩展模块的工作电源由基本单元或输入/输出扩展单元供电。

4. 性能规格

FX3U 系列 PLC 的输入/输出性能规格见附录 A 的表 A-1 和表 A-2；基本技术性能规格见附录 A 的表 A-3；电源规格见附录 A 的表 A-4；环境规格见附录 A 的表 A-5。

第三节　基本 I/O 单元

I/O 单元是 PLC 进行工业控制的输入信号与输出控制信号的转换接口。I/O 单元按信号的流向可分为输入单元和输出单元；按信号的形式可分为开关量 I/O 单元和模拟量 I/O 单

元；按电源形式可分为直流型和交流型、电压型和电流型；按功能可分为基本 I/O 单元和特殊 I/O 单元。本节主要介绍基本 I/O 单元。

一、开关量输入单元

通常开关量输入单元（模块）按信号电源的不同分为 3 种类型：直流 12～24V 输入、交流 100～120V 或 200～240V 输入、交直流 12～24V 输入。现场信号通过开关、按钮或传感器，以开关量的形式，通过开关量输入单元送入 CPU 进行处理，其信号流向如图 2-3 所示。

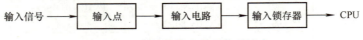

图 2-3　开关量输入单元信号流向

开关量输入单元的作用是把现场的开关信号转换成 CPU 所需的 TTL 标准信号。其中，FX3U 直流输入单元原理如图 2-4 所示。

在图 2-4 中，交流电源通过 L、N 端接入，经整流电路产生 24V 直流电，用于向输入电路供电。由于各输入点的输入电路都相同，这里只画出 X000 及 X007 对应的两个输入电路，S/S 为直流输入单元的公共端子。

通过外接线将 S/S 端子和 0V 端子连接，将输入元件（SB1、SK1）的公共端和 24V 端子连接。当按钮 SB1 闭合时，24V 端子和 X000 接通，通过输入电路到 S/S 端子，形成一个闭合回路。24V 电源通过两个电阻的分压，给光电耦合器的输入端提供一个合适的电压，通过光电耦合器的光电隔离和电平转换，将 SB1 的闭合信号送到内部电路，供内部电路分析计算用。

因为光电耦合器中的 LED 是双向的，所以也可以将 S/S 端子和 24V 端子连接，并将输入元

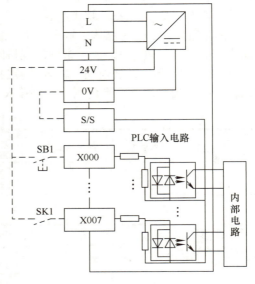

图 2-4　FX3U 直流输入单元原理图

件的公共端和 0V 端子连接，这样的设计为输入设备的接入提供了很大的方便。

图 2-4 所示只是原理图，具体到各种型号的 PLC，其电路各有不同，应仔细查看用户手册。

二、开关量输出单元

PLC 所控制的现场执行元件有电磁阀、继电器、接触器、指示灯、电热器和电动机等。CPU 输出的控制信号经开关量输出单元驱动现场执行元件。开关量输出单元信号流向如图 2-5 所示，其中输出电路常由隔离电路和功率放大电路组成。

图 2-5　开关量输出单元信号流向

开关量输出单元的输出形式有继电器、晶闸管和晶体管 3 种。

1. 继电器输出（交直流）单元

继电器输出单元原理如图 2-6 所示。在图 2-6 中，继电器既是输出器件，又是隔离器

件，电阻 R_1 和指示灯 VL 组成输出状态显示器；电阻 R_2 和电容 C 组成 RC 灭弧电路，消除继电器触点火花。当 CPU 输出一个接通信号时，指示灯 VL 亮，继电器线圈得电，其常开触点闭合，使电源、负载和触点形成回路。继电器触点动作的响应时间约为 10ms。继电器输出单元的负载回路可选用直流电源，也可选用交流电源。输出电路的负载电源由外部提供，输出电流的额定值与负载性质有关，通常在电阻性负载时，继电器输出的最大负载电流为 2A/点。

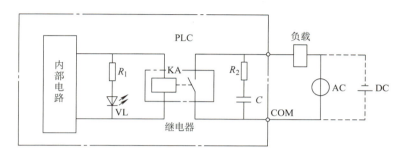

图 2-6　继电器输出单元原理图

2. 晶闸管输出（交流）单元

晶闸管输出（交流）单元原理如图 2-7 所示。在图 2-7 中，双向晶闸管为输出器件，由它组成的固态继电器（AC SSR）具有光电隔离作用，作为隔离元件。电阻 R_2 与电容 C 组成高频滤波电路，减少高频信号干扰。压敏电阻作为消除尖峰电压的浪涌吸收器。当 CPU 输出一个接通信号时，指示灯 VL 亮，固态继电器中的双向晶闸管导通，负载得电。双向晶闸管开通响应时间少于 1ms，关断响应时间少于 10ms。由于双向晶闸管的特性，在负载回路中的电源只能选用交流电源。

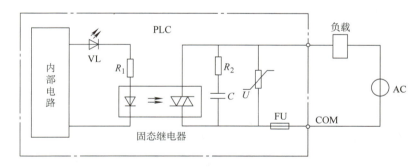

图 2-7　晶闸管输出（交流）单元原理图

3. 晶体管输出（直流）单元

晶体管输出（直流）单元原理如图 2-8 所示。在图 2-8 中，晶体管 VT 为输出器件，光电耦合器为隔离器件。稳压二极管 VZ 和熔断器 FU 分别用于过电压保护和过电流保护，二极管 VD 可禁止负载电源反向接入。当 CPU 输出一个接通信号时，指示灯 VL 亮。该信号通过光电耦合器使 VT 导通，负载得电。晶体管输出单元所带负载只能使用直流电源。在电阻性负载时，晶体管输出的最大负载电流通常为 0.5A/点，通断响应时间均少于 0.2ms。

以上介绍了几种开关量输入/输出单元的原理，实际上不同生产厂家生产的开关量输入/输出单元各有不同，使用中应详细阅读操作手册并按规定要求接线和配置电源。

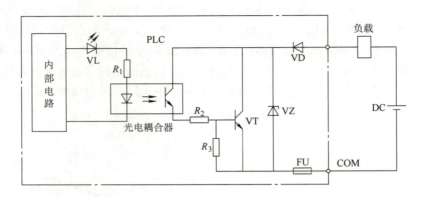

图 2-8　晶体管输出（直流）单元原理图

第四节　特殊功能单元

　　特殊功能单元是一种智能单元，有它自己的 CPU、存储器和控制逻辑，它可与 I/O 接口电路及总线接口电路组成一个完整的微型计算机系统。一方面，它可在自己的 CPU 和控制程序的控制下通过 I/O 接口完成相应的输入、输出和控制功能；另一方面，它又通过总线接口与 PLC 的主 CPU 进行数据交换，接受主 CPU 发来的命令和参数，并将执行结果和运行状态返回主 CPU。这样，既实现了特殊功能单元的独立运行，减轻了主 CPU 的负担，又实现了主 CPU 对整个系统的控制与协调，从而大幅度地增强了系统的处理能力和运行速度。

　　本节介绍模拟量 I/O 单元、高速计数单元、位置控制单元、PID 控制单元、温度传感器单元和通信单元等特殊功能单元。

一、模拟量 I/O 单元

1. 模拟量输入单元

　　生产现场中连续变化的模拟量信号（如温度、流量和压力）可通过变送器转换成 DC 1 ~ 5V、DC 0 ~ 10V 或 DC 4 ~ 20mA 的标准电压、电流信号。模拟量输入单元的作用是把连续变化的电压、电流信号转换成 CPU 能处理的若干位数字信号。模拟量输入电路一般由运放变换、模/数转换（A/D）和光电隔离等部分组成，其框图如图 2-9 所示。

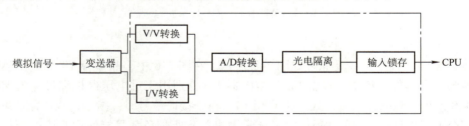

图 2-9　模拟量输入单元框图

　　A/D 转换部分常有 2 ~ 8 路模拟量输入通道，输入信号可以是 1 ~ 5V 或 4 ~ 20mA，有些产品输入信号可达 0 ~ 10V 或 −10 ~ 10V。

2. 模拟量输出单元

模拟量输出单元的作用是把 CPU 处理后的若干位数字信号转换成相应的模拟量信号输出，以满足生产控制过程中需要连续信号的要求。模拟量输出单元框图如图 2-10 所示。CPU 的控制信号由输出锁存器经光电隔离、数/模转换（D/A）和运放变换器变换成标准模拟量信号输出。模拟量的电压输出为 DC 1~5V、DC 0~10V 或 DC −10~10V；模拟量电流输出为 4~20mA。

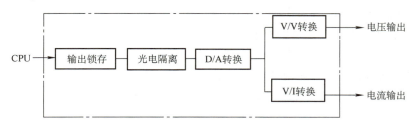

图 2-10　模拟量输出单元框图

A/D、D/A 转换部分的主要参数有：分辨力、精度、转换速度、输入阻抗、输出阻抗、最大允许输入范围、模拟通道数和内部电流消耗等。

二、高速计数单元

高速计数单元用于脉冲或方波计数器、实时时钟、脉冲发生器和数字码盘等输出信号的检测和处理，以及快速变化过程中的测量或精确定位控制。高速计数单元常设计为智能单元，它与主令起动信号联锁，而与 PLC 的主 CPU 之间是互相独立的。高速计数单元自行配置计数、控制和检测功能，占有独立的 I/O 地址，与主 CPU 之间以 I/O 扫描方式进行信息交换。有的高速计数单元还支持脉冲控制信号输出，用于驱动或控制机械运动，使机械运动到达要求的位置。

高速计数单元的主要技术参数有计数脉冲频率、计数范围、计数方式、输入信号规格和独立计数器个数等。

三、位置控制单元

位置控制单元是用于位置控制的智能单元，它能改变被控对象的位移速度和位置，适用于步进电动机或脉冲输入的伺服电动机驱动器。位置控制单元一般自身带有 CPU、存储器、I/O 接口和总线接口。它一方面可以独立地进行脉冲输出，控制步进电动机或伺服电动机，带动被控对象运动；另一方面可以接受 PLC 主 CPU 发来的控制命令和控制参数，完成相应的控制要求，并将结果和状态信息返回 PLC 主 CPU。

位置控制单元提供的功能：可以各个轴独立控制，也可以多轴同时控制；可将原点分为机械原点和软原点，并提供了 3 种原点复位和停止方法；通过设定运动速度方便地实现变速控制；采用线性插补和圆弧插补的方法实现平滑控制；可实现试运行、单步、点动和连续等运行方式；采用数字控制方式输出脉冲，达到精密控制的要求。

位置控制单元的主要参数：占用 I/O 点数、控制轴数、输出控制脉冲数、脉冲速率、脉冲速率变化、间隙补偿、定位点数、位置控制范围、最大速度和加/减速时间等。

四、PID 控制单元

PID 控制单元多用于执行闭环控制的系统中。该单元自带 CPU、存储器和模拟量 I/O

点，并有编程器接口。PID 控制单元既可以联机使用，也可以脱机使用。在不同的硬件结构和软件程序中，可实现多种控制功能，如 PID 回路独立控制、两种操作方式（数据设定、程序控制）、参数自整定、先行 PID 控制和开关控制、数字滤波、定标及提供 PID 参数等。

PID 控制单元的技术指标：PID 算法和参数、操作方式、PID 回路数和控制速度等。

五、温度传感器单元

温度传感器单元实际为变送器和模拟量输入单元的组合，它的输入为温度传感器的输出信号，通过单元内的变送器和 A/D 转换器将温度值转换为 BCD 码传送给 PLC。

温度传感器单元配置的传感器为热电偶和热电阻。

温度传感器单元的主要技术参数：输入点数、温度检测元件、测温范围、数据转换范围及误差、数据转换时间、温度控制模式、显示精度和控制周期等。

六、通信单元

通信单元根据 PLC 连接对象的不同可分为以下几种。

1）上位链接单元：用于 PLC 与计算机之间的互联和通信。

2）PLC 链接单元：用于 PLC 与 PLC 之间的互联和通信。

3）远程 I/O 单元：远程 I/O 单元有主站单元和从站单元两类，分别装在主站 PLC 机架和从站 PLC 机架上，用于实现主站 PLC 与从站 PLC 之间的远程互联和通信。

通信单元的主要技术参数：数据通信的协议格式、通信接口传输距离、数据传输长度、数据传输速率和传输数据校验等。

以上简单介绍了一些特殊功能单元，它们的具体型号和功能详见用户手册。

———————— 习 题 ————————

1. FX1S、FX1N、FX2N 和 FX3U 四个系列的 PLC，哪个体积最小？

2. FX1S、FX1N、FX2N 和 FX3U 四个系列的 PLC 加装扩展单元后，哪个 I/O 点数最大？

3. 编程器的作用是什么？

4. FX3U – 32MR 有几个输入点？几个输出点？

5. FX3U 有几个动作状态显示 LED？其功能分别是什么？

6. 试说明 FX3U – 48MR 和 FX3U – 48MT 这两个型号表示的含义。

7. 试说明设置 S/S 端子的作用。

8. PLC 有几种输出类型？各有什么特点？各适用于什么场合？

9. 在 I/O 电路中，光电耦合器的主要功能是什么？

10. 模拟量 I/O 单元的结构特点及主要作用是什么？说明 A/D 和 D/A 转换部分的功能和应用。

11. 一台 FX3U – 32MR 加一台 FX2N – 32ER 最多可接多少个输入信号？最多可带多少个负载？

可编程序控制器是由硬件系统和软件系统构成的，其中，软件系统中的用户程序是使用者根据生产工艺要求，利用厂家提供的指令系统编写的控制程序。本章主要以日本三菱公司生产的 FX3U 系列 PLC 为例，详细介绍 PLC 的指令系统和采用梯形图或指令表的编程方式。

第一节　编程方式和软元件

一、编程方式

国际电工委员会已推出了用于 PLC 等的编程语言的国际标准 IEC 61131 – 3，它使得各厂商的 PLC 编程语言可相互兼容，PLC 程序模块可共享使用。IEC 61131 – 3 共规定了 5 种可采用的编程语言标准，其中 3 种是图形化语言（梯形图、顺序功能图和功能块图），两种是文本化语言（指令表和结构文本）。

对于初学者来说，常用的编程语言有 3 种：梯形图、指令表和顺序功能图，本书主要介绍梯形图编程方式。

1. 梯形图编程

梯形图是与继电器电路形式基本类似的编程语言，它形象且直观，为广大电气工程技术人员所熟知。用梯形图编写的程序如图 3-1a 所示。

梯形图由触点符号和继电器线圈符号组成，在这些符号上标注有操作数。每条梯形图程序从左至右以母线开始，以继电器线圈作为结尾，最终以地线终止（也可以不画）。PLC 对用梯形图编写的用户程序进行循环扫描，从第一条至最后一条，周而复始。图 1-3a 中母线左边的 0 表示该条梯形图第一个触点的步号。

采用梯形图编程时，在编程软件的界面上有常开、常闭触点和继电器线圈符号，用鼠标直接单击这些符号，然后填写操作数就能进行编程。

2. 指令表编程

指令表是与汇编语言类似的一种助记符编程语言，又称为语句表、命令语句或助记符等。它比汇编语言通俗易懂，更为灵活，适用性广。由于指令表中的助记符与梯形图符号存在一一对应关系，因此对于熟知梯形图的电气工程技术人员，在编程时，只要先手工画出梯形图，再对照梯形图直接用键盘输入指令即可。和图 3-1a 所示梯形图对应的用指令表编写的程序如图 3-1b 所示。

用指令表编写的程序中，语句是最小的程序组成部分，它由步号、操作码和操作数

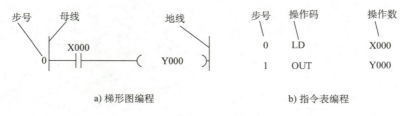

a) 梯形图编程　　　　　　　　　b) 指令表编程

图 3-1　编程方式

组成。

步号是用户程序中语句的序号，一般由编程器自动依次给出。只有当用户需要改变语句时，才会通过插入键或删除键进行增/删调整。由于用户程序总是依次存放在用户程序存储器内，所以步号也可以看作语句在用户程序存储器内的地址代码。

操作码就是 PLC 指令系统中的指令代码、指令助记符。它表示需要进行的工作。

操作数则是操作对象，主要是继电器的类型和编号，每一个继电器都用一个字母开头，后缀数字，表示属于哪类继电器中的第几号继电器。本节中如无特别说明，都以 FX3U 系列 PLC 中的继电器编号和功能为例。操作数也可表示用户对时间和计数常数的设置、跳转和主控指令的编码等，也有个别指令不含有操作数。

一个语句就是给 CPU 的一条指令，规定 CPU 对谁（操作数）做什么工作（操作码）。一个控制动作由一个或多个语句组成的应用程序来实现。

PLC 对用指令表编写的用户程序循环扫描，即从第一句开始至最后一句，周而复始。

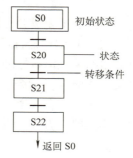

图 3-2　SFC 编程示意图

3. 顺序功能图（SFC）编程

SFC 编程是根据机械操作的流程进行顺序控制设计的输入方式，如图 3-2 所示。

在采用带有编程软件的计算机编程时，能将用各种输入方式编写的程序进行转换、显示和编辑。用梯形图或指令表编写的程序，在编程软件的界面上能互相转换；用 SFC 编写的顺序控制程序，也能转换成梯形图或指令表，十分方便。

二、软元件编号的分配和功能概要

PLC 内部有大量由软元件组成的内部继电器，这些软元件要按一定的规则进行编号。在 FX3U 系列 PLC 中，用 X 表示输入继电器；Y 表示输出继电器；M 表示辅助继电器；S 表示状态继电器；T 表示定时器；C 表示计数器；D 表示数据寄存器。

1. 输入继电器 X

输入继电器用来接收用户输入设备发出的输入信号。输入继电器只能由外部信号驱动，不能用程序内部的指令来驱动。因此，在程序中，输入继电器只有触点。由前文所述，输入单元可等效成输入继电器的输入线圈，输入继电器等效电路如图 3-3 所示。

2. 输出继电器 Y

输出继电器用来将输出信号传送给负载。输出继电器由内部程序驱动，其触点有两类，一类是由软件构成的内部触点（软触点）；另一类是由输出单元构成的外部触点（硬触点），它具有一定的带负载能力。输出继电器等效电路如图 3-4 所示。

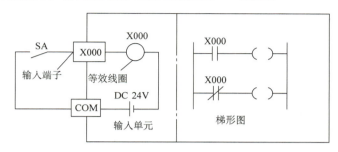

图 3-3　输入继电器等效电路

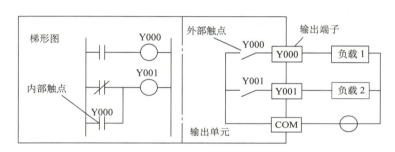

图 3-4　输出继电器等效电路

从图 3-4 中可以看出，输入继电器或输出继电器是由硬件（I/O 单元）和软件构成的。因此，由软件构成的内部触点可任意取用，不限数量，而由硬件构成的外部触点只能单一使用。输入/输出继电器的地址分配见表 3-1。

表 3-1　输入/输出继电器的地址分配表

继电器类型	FX3U-16M	FX3U-32M	FX3U-48M	FX3U-64M	FX3U-80M	FX3U-128M	带扩展	点数
输入继电器 X	X000~X007 8 点	X000~X017 16 点	X000~X027 24 点	X000~X037 32 点	X000~X047 40 点	X000~X077 64 点	X000~X367 248 点	合计 256 点
输出继电器 Y	Y000~Y007 8 点	Y000~Y017 16 点	Y000~Y027 24 点	Y000~Y037 32 点	Y000~Y047 40 点	Y000~Y077 64 点	Y000~Y367 248 点	

3. 辅助继电器 M

在 PLC 内部的继电器称为辅助继电器。它与输入/输出继电器不同，是一种程序用继电器，不能读取外部输入，也不能直接驱动外部负载，只能起到中间继电器的作用。辅助继电器中有一类保持用继电器，即使在 PLC 电源断电时，也能储存 ON/OFF 状态，其储存的数据和状态由锂电池保护，当电源恢复供电时，能使控制系统继续执行电源掉电前的控制。辅助继电器的地址分配见表 3-2，其中 M8000~M8511 为特殊用继电器，它主要的功能：PLC 状态、时钟、标记、PLC 方式、步进、中断禁止和出错检测等。

1）M8000：当 PLC 运行时，M8000 为 ON（接通）。

2）M8002：当 PLC 开始运行时，M8002 为 ON，接通时间为 1 个扫描周期。

3）M8005：当锂电池电压异常降低时工作。

4）M8012：提供振荡周期为 100ms 的脉冲，可用于计数和定时。

5）M8013：提供振荡周期为 1s 的脉冲。

6）M8014：提供振荡周期为 1min 的脉冲。

7）M8020：零标记，减法运算结果等于零时为 ON。

8）M8021：借位标记，减法运算结果为负的最大值以下时为 ON。

9）M8022：进位标记，运算发生进位时为 ON。

其余可参考相关的使用手册。

表 3-2　辅助继电器、状态继电器、定时器、计数器和数据寄存器等的地址分配表

辅助继电器 M	M0~M499 500 点 通用	M500~M1023 524 点 保存用	M1024~M3071 2048 点 保存用	M8000~M8511 512 点 特殊用	
状态继电器 S	S0~S499 500 点 初始用 S0~S9	S500~S899 400 点 停电保持用	S1000~S4095 3096 点 停电保持专用	S900~S999 100 点 报警用	
定时器 T	T0~T199 200 点 100ms 子程序用 T192~T199	T200~T245 46 点 10ms	T246~T249 4 点 1ms 累计 中断保持用	T250~T255 6 点 100ms 累计 保持用	T256~T511 256 点 1ms
计数器（内部计数器）C	16 位，加法		32 位，可逆		
	C0~C99 100 点 通用	C100~C199 100 点 停电保持用	C200~C219 20 点 通用	C220~C234 15 点 停电保持用	
数据寄存器 D	D0~D199 200 点 通用	D200~D511 312 点 保持用	D512~D7999 7488 点 保持用	D8000~D8511 512 点 特殊用	D1000 以后 最大 7000 点 文件保持用
常数 K	16 位，−32768~32767		32 位，−2147483648~2147483647		
常数 H	16 位，0~FFFFH		32 位，0~FFFFFFFFH		

4. 状态继电器 S

状态继电器是一种用于编制顺序控制步进梯形图的继电器，它与步进指令 STL 结合使用，在不用于步进序号时，也可作为辅助继电器使用，还可作为信号指示器，用于外部故障诊断。状态继电器的地址分配见表 3-2。

5. 定时器 T

PLC 中的定时器相当于继电器控制系统中的通电延时时间继电器。它对 PLC 内的 1ms、10ms 和 100ms 等时钟脉冲进行加法计数，当达到设定值时，定时器的输出触点动作。定时器利用时钟脉冲可定时的时间范围为 0.001~3276.7s。定时器的地址分配见表 3-2，其中 T192~T199 也可用于中断子程序内；T246~T255 为累计定时器，其当前值是累积数，定时器线圈的驱动输入为 OFF 时，当前值被保持，作为累计操作使用。

6. 计数器 C

计数器有以下两种：

（1）内部计数器　内部计数器是一种通用/停电保持用计数器。对于 16 位加法计数器，计数范围为 1 ~ 32767；对于 32 位加法/减法计数器，计数范围为 – 2147483648 ~ 2147483647，并利用特殊辅助继电器 M8200 ~ M8234 指定增量/减量的方向。内部计数器的应答速度通常在 10Hz 以下，其地址分配见表 3-2。

（2）高速计数器　32 位的高速计数器可用于高速脉冲输入的加法/减法计数，计数脉冲从 X000 ~ X007 输入，高速计数器与 PLC 用户程序的运算无关，最高响应频率为 100kHz。

对于定时器的定时线圈或计数器的计数线圈，必须设定常数 K，也可指定数据寄存器的地址号，用数据寄存器中的数据作为定时器、计数器的设定值。常数 K 的设定范围和实际的定时/计数值见表 3-3。

表 3-3　定时器和计数器常数 K 的设定范围和实际的定时/计数值

定时器和计数器	常数 K 的设定范围	实际的定时/计数值
1ms 定时器		0.001 ~ 32.767s
10ms 定时器	1 ~ 32767	0.01 ~ 327.67s
100ms 定时器		0.1 ~ 3276.7s
16 位计数器	– 2147483648 ~ 2147483647	
32 位计数器		

7. 数据寄存器 D

数据寄存器是存储数值、数据的软元件，FX3U 系列 PLC 的数据寄存器全部为 16 位（二进制，最高位为正负位）的，用两个数据寄存器组合可以处理 32 位（二进制，最高为正负位）的数值。数据寄存器可被用于定时器、计数器设定值的间接指定和应用指令中。数据寄存器的地址分配见表 3-2。

应该说明的是，以上所讲的内容都是以 FX3U 系列 PLC 为例，而其他各种类型的 PLC 软元件地址编号的分配不会有所同，功能也各有特点，读者在使用时应仔细阅读相应的使用手册。

第二节　基本指令系统

本节仍以 FX3U 系列 PLC 为例展开讨论。PLC 的指令分为基本指令、步进指令和应用指令。本节主要介绍所有基本指令及定时器、计数器的应用。

1. 取指令和输出指令

取指令和输出指令的符号、名称、功能、梯形图和可用软元件见表 3-4。

表 3-4　取指令和输出指令

符号	名称	功能	梯形图	可用软元件
LD	取	输入母线和常开触点连接	├─┤ ├──( )─┤	X、Y、M、S、T、C

（续）

符号	名称	功能	梯形图	可用软元件
LDI	取反	输入母线和常闭触点连接		X、Y、M、S、T、C
OUT	输出	线圈驱动		Y、M、S、T、C
INV	反转	运算结果取反		

说明：

1）LD 指令用于将常开触点接到母线上；LDI 指令用于将常闭触点接到母线上。此外，二者与后面讲到的分支组合，在分支起点处也可使用。

2）OUT 指令是对输出继电器 Y、辅助继电器 M、状态继电器 S、定时器 T 和计数器 C 线圈的驱动指令，对输入继电器 X 不能使用。

3）OUT 指令可多次并联使用。

4）INV 指令用于将 INV 指令执行前的运算结果取反，不用指定软元件号。

LD、LDI、OUT 和 INV 指令的应用如图 3-5 所示。

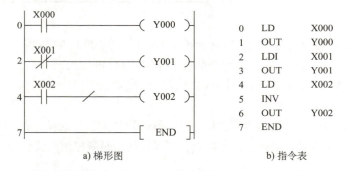

a）梯形图　　　　　　　　b）指令表

图 3-5　LD、LDI、OUT 和 INV 指令的应用

在图 3-5 中，当输入端子 X000 有信号输入时，输入继电器 X000 的常开触点 X000 闭合，输出继电器线圈 Y000 得电，输出继电器 Y000 的外部常开触点闭合。当输入端子 X001 有信号输入时，输入继电器 X001 的常闭触点断开，输出继电器线圈 Y001 失电；当输入端子 X001 无信号输入时，输入继电器 X001 的常闭触点闭合，输出继电器线圈 Y001 得电。INV 在这里的作用就是将 X002 的状态取反，相当于一个常闭触点，所以当触点 X002 闭合时，线圈 Y002 失电。

说明：输入元件触点的闭合/断开，和所连接输入端子的信号有/无相对应，进而和梯形图中相应输入继电器常开触点的闭合/断开或常闭触点的断开/闭合有着一一对应的关系。为叙述简洁，以后在分析梯形图时，不再讨论输入元件的动作，读者可按照上述的对应关系操作输入元件。输出继电器线圈的得电/失电也和外接负载的得电/失电一一对应，以后分析时，也只分析到输出继电器线圈的状态为止。

另外，因为步号和最后的 END 指令在编程软件中是自动生成的，为叙述简洁，若非特殊情况，在后面的梯形图和指令表中不再出现步号和 END 指令的相关介绍。

2. 串联和并联指令

串联和并联指令的符号、名称、功能、梯形图和可用软元件见表 3-5。

表 3-5　串联和并联指令

符号	名称	功能	梯形图	可用软元件
AND	与	常开触点串联		
ANI	与反	常闭触点串联		X、Y、M、S、T、C
OR	或	常开触点并联		
ORI	或反	常闭触点并联		

说明：

1）AND、ANI 用于 LD、LDI 之后一个常开或常闭触点的串联，串联的数量不限制；OR、ORI 用于 LD、LDI 之后一个常开或常闭触点的并联，并联的数量不限制。

2）当串联的是两个或两个以上的并联触点，或并联的是两个或两个以上的串联触点时，就要用到下面讲述的块与（ANB）、块或（ORB）指令。

AND、ANI 指令的应用如图 3-6 所示。

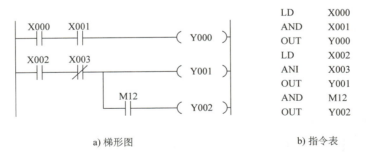

a) 梯形图　　　　　　　　　　　　b) 指令表

图 3-6　AND、ANI 指令的应用

在图 3-6 中，触点 X000 与 X001 串联，当 X000 和 X001 都闭合时，输出继电器线圈 Y000 得电，当 X002、X003 都闭合时，线圈 Y001 也得电。在指令 OUT Y001 之后，通过触点 M12 对 Y002 使用 OUT 指令，称为纵接输出。即当触点 X002、X003 都闭合，且 M12 闭合时，线圈 Y002 得电。这种纵接输出可多次重复使用。

OR、ORI 指令的应用如图 3-7 所示。

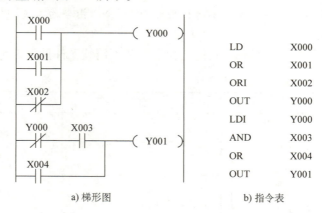

| a) 梯形图 | b) 指令表 |

图 3-7　OR、ORI 指令的应用

在图 3-7 中，只要触点 X000、X001 或 X002 中任一触点闭合，线圈 Y000 就得电。线圈 Y001 的得电则依赖于触点 Y000、X003 和 X004 的组合，该组合相当于触点的混联，当触点 Y000 和 X003 均闭合或 X004 闭合时，线圈 Y001 得电。

3. 块与和块或指令

块与和块或指令的符号、名称、功能和梯形图见表 3-6。

表 3-6　块与和块或指令

符号	名称	功能	梯形图
ANB	块与	并联电路块的串联	
ORB	块或	串联电路块的并联	

说明：

1）两个或两个以上触点并联的电路称为并联电路块；两个或两个以上触点串联的电路称为串联电路块。建立电路块时，可用 LD 或 LDI 开始。

2）当一个并联电路块和前面的触点或电路块串联时，需要用块与（ANB）指令；当一个串联电路块和前面的触点或电路块并联时，需要用块或（ORB）指令。

3）若对每个电路块分别使用 ANB、ORB 指令，则串联或并联的电路块没有限制。也可成批使用 ANB、ORB 指令，但重复使用的次数限制在 8 次以下。

ORB 指令的应用如图 3-8 所示。

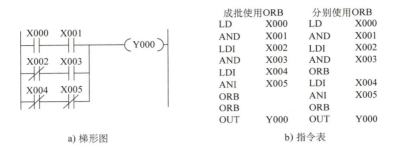

成批使用ORB		分别使用ORB	
LD	X000	LD	X000
AND	X001	AND	X001
LDI	X002	LDI	X002
AND	X003	AND	X003
LDI	X004	ORB	
ANI	X005	LDI	X004
ORB		ANI	X005
ORB		ORB	
OUT	Y000	OUT	Y000

a) 梯形图   b) 指令表

图 3-8   ORB 指令的应用

ANB 指令的应用如图 3-9 所示。若将图 3-9a 所示的梯形图改画成图 3-9b 所示的形式，虽然梯形图的功能不变，但可使指令简化，读者不妨在实验中一试。

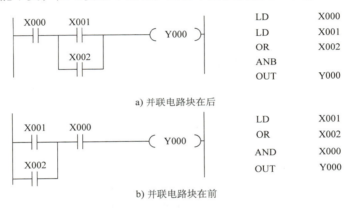

LD   X000
LD   X001
OR   X002
ANB
OUT   Y000

a) 并联电路块在后

LD   X001
OR   X002
AND   X000
OUT   Y000

b) 并联电路块在前

图 3-9   ANB 指令的应用

ANB、ORB 指令的混合使用如图 3-10 所示。

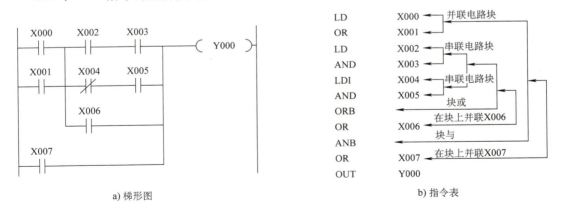

LD	X000	并联电路块
OR	X001	
LD	X002	串联电路块
AND	X003	
LDI	X004	串联电路块
AND	X005	块或
ORB		
OR	X006	在块上并联X006
ANB		块与
OR	X007	在块上并联X007
OUT	Y000	

a) 梯形图   b) 指令表

图 3-10   ANB、ORB 指令的混合使用

4. 主控指令和主控复位指令

主控指令和主控复位指令的符号、名称、功能、梯形图和可用软元件见表 3-7。

表 3-7　主控指令和主控复位指令

符号	名称	功能	梯形图	可用软元件
MC	主控	公共串联触点的连接	⊢ ⊣ [MC N Y,M]	M（除特殊辅助继电器）
MCR	主控复位	公共串联触点的复位	[MCR N]	

说明：

1）主控指令中的公共串联触点相当于电气控制中一组电路的总开关。主控（MC）指令有效，相当于总开关接通。

2）通过更改软元件 Y、M 的地址号可多次使用主控指令。

3）在 MC 内再采用 MC 指令，就成为主控指令的嵌套，相当于在总开关后接分路开关。嵌套级 N 的地址号按顺序增加，即 N0→N1→N2→…→N7。采用 MCR 指令返回时，则从 N 地址号大的嵌套级开始消除，但若使用 MCR N0，则嵌套级立即回到 0。

MC、MCR 指令的应用如图 3-11 所示。

在图 3-11 中，当触点 X000 闭合时，触点 M100 闭合，从 MC 到 MCR 间的指令有效，若此时触点 X001、X002 闭合，则输出继电器线圈 Y000 得电，定时器线圈 T0 得电，1s 后触点 T0 闭合。当触点 X000 断开时，从 MC 到 MCR 间的指令无效，若此时触点 X001、X002 闭合，线圈 Y000、T0 均不得电，线圈 Y002 也不会在 1s 后得电，而线圈 Y001 在 MCR 指令之后，不受主控指令的影响，当触点 X001 闭合时，它仍会得电。

注意：在写入模式下的梯形图如图 3-11a 所示；在读出模式下的梯形图如图 3-11b 所示，这时不能写入。

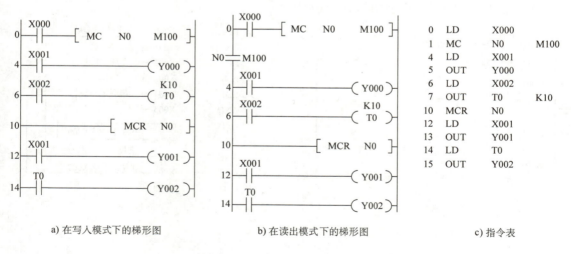

a) 在写入模式下的梯形图　　　b) 在读出模式下的梯形图　　　c) 指令表

图 3-11　MC、MCR 指令的应用

含有嵌套的 MC、MCR 指令的应用如图 3-12 所示。

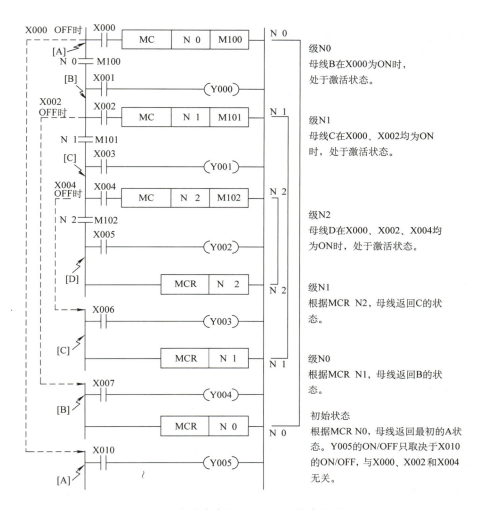

图 3-12　含有嵌套的 MC、MCR 指令的应用

5. 脉冲检测和脉冲输出指令

脉冲检测和脉冲输出指令的符号、名称、功能、梯形图和可用软元件见表 3-8。

表 3-8　脉冲检测和脉冲输出指令

符号	名称	功能	梯形图	可用软元件
LDP	取脉冲上升沿	上升沿检测运算开始		
LDF	取脉冲下降沿	下降沿检测运算开始		X、Y、M、S、T、C
ORP	或脉冲上升沿	上升沿检测并联连接		

（续）

符号	名称	功能	梯形图	可用软元件
ORF	或脉冲下降沿	下降沿检测并联连接		X、Y、M、S、T、C
ANDP	与脉冲上升沿	上升沿检测串联连接		
ANDF	与脉冲下降沿	下降沿检测串联连接		
PLS	上升沿脉冲输出	上升沿脉冲输出	PLS	Y、M
PLF	下降沿脉冲输出	下降沿脉冲输出	PLF	

说明：

1）在脉冲检测指令中，P 代表上升沿检测，它表示在指定的软元件触点闭合（上升沿）时，被驱动的线圈得电 1 个扫描周期 T；F 代表下降沿检测，它表示在指定的软元件触点断开（下降沿）时，被驱动的线圈得电 1 个扫描周期 T。

2）在脉冲输出指令中，PLS 表示在指定的驱动触点闭合（上升沿）时，被驱动的线圈得电一个扫描周期 T；PLF 表示在指定的驱动触点断开（下降沿）时，被驱动的线圈得电 1 个扫描周期 T。

脉冲检测和脉冲输出指令的应用如图 3-13 所示。波形图中的高电平表示触点闭合或线圈得电。

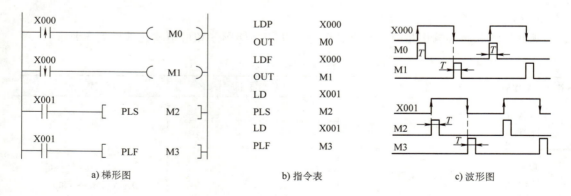

a) 梯形图　　　　　b) 指令表　　　　　c) 波形图

图 3-13　脉冲检测和脉冲输出指令的应用

6. 置位和复位指令

置位和复位指令的符号、名称、功能、梯形图和可用软元件见表 3-9。

表 3-9 置位和复位指令

符号	名称	功能	梯形图	可用软元件
SET	置位	动作保持	┤├─ SET	Y、M、S
RST	复位	清除动作保持，寄存器清零	┤├─ RST	Y、M、S、T、C、D

置位与复位指令（SET 和 RST）的应用如图 3-14 所示。

1）在图 3-14a 中，触点 X000 闭合后，线圈 Y000 得电；触点 X000 断开后，线圈 Y000 仍得电。触点 X001 一旦闭合，则无论触点 X000 闭合还是断开，线圈 Y000 都不得电。其指令表和波形如图 3-14b、c 所示。

2）对同一软元件，SET、RST 指令可多次使用，顺序先后也可任意设置，但以最后执行的一行有效。如图 3-14 所示，若将第一条与第二条梯形图对换，则当 X000、X001 都闭合时，因为 SET 指令在 RST 指令后面，所以线圈 Y000 一直得电。

3）对于数据寄存器 D，可使用 RST 指令。

4）累计定时器 T246～T255 当前值的复位和触点的复位也可用 RST 指令实现。

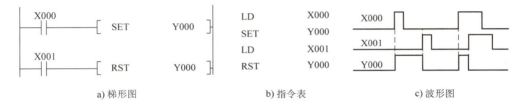

a) 梯形图　　　　　　　　　b) 指令表　　　　　　　　　c) 波形图

图 3-14 置位和复位指令的应用

7. 进栈、读栈和出栈指令

进栈、读栈和出栈指令的符号、名称、功能、梯形图和可用软元件见表 3-10。

表 3-10 进栈、读栈和出栈指令

符号	名称	功能	梯形图	可用软元件
MPS	进栈	进栈		
MRD	读栈	读栈		无
MPP	出栈	出栈		

说明：

1）在 PLC 中有 11 个存储器，它们用来存储运算的中间结果，称为栈存储器。使用 MPS 指令，即将此时刻的运算结果送入栈存储器的第一段，再使用一次 MPS 指令，则将原先存入的数据依次移到栈存储器的下一段，并将此时刻的运算结果送入栈存储器的第一段。

2）使用 MRD 指令可读出最上段所存的最新数据，栈存储器内的数据不发生移动。

3）使用 MPP 指令，则各数据依次向上移动，并将最上段的数据读出，同时该数据从栈存储器中消失。

4）MPS指令可反复使用，但最终的MPS指令和MPP指令数要一致。

MPS、MRD和MPP指令的应用如图3-15所示，从图中可以看出，这些指令在进行分支多重输出电路的编程时，有一定难度，但在编程界面上绘制梯形图却是非常方便和直观的。

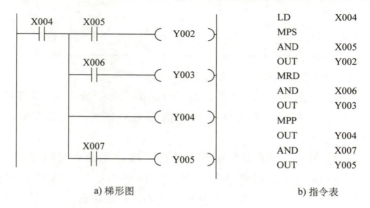

图3-15　MPS、MRD和MPP指令的应用

8．空操作和程序结束指令

空操作和程序结束指令的符号、名称、功能、梯形图和可用软元件见表3-11。

表3-11　空操作和程序结束指令

符号	名称	功能	梯形图	可用软元件
NOP	空操作	无动作	─── NOP ───	无
END	结束	输入/输出处理返回到程序开始	─── END ───	无

说明：

1）在将全部程序清除时，全部指令均成为空操作。

2）在PLC反复进入输入处理、程序执行和输出处理时，若在程序的最后写入END指令，那么，以后的其余程序步不再执行，而直接进行输出处理；若在程序中没有END指令，则会处理到最后的程序步。在调试中，可在各程序段插入END指令，依次检查各程序段的动作。

3）程序开始的首次执行，从执行END指令开始。

9．定时器的应用

根据表3-2，定时器分为两类：T0～T245为普通型，其中T0～T199的定时精度为100ms，T200～T245的定时精度为10ms；T246～T255为累计型，其中T246～T249的定时精度为1ms，T250～T255的定时精度为100ms。T256～T511定时精度为1ms。定时器的应用如图3-16所示。

在图3-16中，T0是普通型定时器，当触点X000闭合后，定时器T0开始计时，当前值

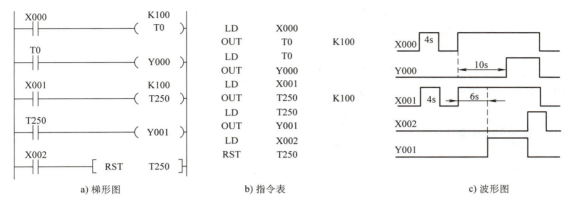

a) 梯形图　　　　　　　b) 指令表　　　　　　　c) 波形图

图 3-16　定时器的应用

每 100ms 加 1，10s（即加到 100）后定时器 T0 的常开触点闭合，线圈 Y000 得电；若触点 X000 断开，不论是在定时中途，还是在定时时间到后，定时器 T0 均被复位（当前值为 0）。T250 是累计型定时器，当触点 X001 闭合后，定时器 T250 开始计时，在计时过程中，即使触点 X001 断开或停电，定时器 T250 仍保持已计时的时间，当触点 X001 再次闭合后，定时器 T250 在原计时时间的基础上继续计时，直到 10s 时间到。当触点 X002 闭合时，定时器 T250 才被复位。

10. 计数器的应用

计数器可分为三类，分别是加法计数器、可逆计数器和高速计数器，限于篇幅，本书只介绍加法计数器。加法计数器还可以分为通用和停电保持用两种，其中，C0 ~ C99 是通用计数器，C100 ~ C199 是停电保持用计数器。加法计数器的应用如图 3-17 所示。

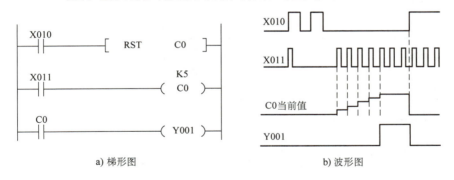

a) 梯形图　　　　　　　　b) 波形图

图 3-17　加法计数器的应用

在图 3-17 中，C0 是通用计数器，即普通计数器，利用触点 X011 从断开到闭合的变化，驱动计数器 C0 计数。触点 X011 闭合一次，计数器 C0 的当前值加 1，直到其当前值为 5，触点 C0 闭合。以后即使继续有计数输入，计数器的当前值也不变。当触点 X010 闭合，执行 RST C0 指令，计数器 C0 被复位，当前值为 0，触点 C0 断开，输出继电器线圈 Y001 失电。

通用计数器和停电保持用计数器的不同之处在于，切断 PLC 的电源后，通用计数器的当前值被清除，而停电保持用计数器则可存储计数器在停电前的计数值。当恢复供电后，停电保持用计数器可在上一次保存的计数值上累计计数，因此它是一种累积计数器。

以上讲述了 FX3U 系列 PLC 基本指令中最常用的指令。在小型的、独立的工业设备控制中，使用这些指令已基本能完成控制要求。但分散的、独立的指令就像没有组织的士兵，是不能完成任务的。在下一节中将介绍一些基本指令的单元程序。这些单元程序将指令有机地组织起来，完成指定的功能，实现局部的控制要求。

第三节　基本指令的应用

本节在基本指令的基础上介绍一些常用的单元程序。一个完整的、用于实现某种控制功能的用户程序，总可分解为一系列简单、典型的单元程序。熟悉这些单元程序，既能巩固前面所学的指令，又能从中掌握编程的逻辑及规律，还能在这些单元程序的基础上进行改造、扩充和组合，从而设计出丰富多彩的应用程序。

1. 三相异步电动机起动、停止控制——自锁逻辑的应用

三相异步电动机起动、停止控制是电动机控制中最基本的控制，其最常用的方法是采用两个按钮，一个动合（常开），作为起动按钮；一个动断（常闭），作为停止按钮，通过导线连接两个按钮、热继电器和接触器的接线端子，形成控制电路，如图 3-18a 所示，图中点画线框内是控制电路，点画线框外是主电路。采用 PLC 控制时，主电路不变，拆除原控制电路，用 PLC 控制电路和控制程序代替原控制电路的控制功能。图 3-18b 所示为 PLC 的 I/O 接线图，即 PLC 控制电路。

在设计 PLC 的 I/O 接线图前，必须合理地分配 I/O 地址，I/O 地址分配见表 3-12，表中地址按 FX3U 系列 PLC 的实际地址填写，分配结束后就能画出图 3-18b 所示的 I/O 接线图。

表 3-12　I/O 地址分配表

输入元件	符号	输入地址	输出元件	符号	输出地址
起动按钮	SB1	X000	接触器线圈	KM	Y000
停止按钮	SB2	X001	报警灯	HL	Y001
热继电器动合触点	FR	X002			

注意：

图 3-18b 中所有输入元件均以"动合"触点的形式接入，如原控制电路中的停止按钮和热继电器是以"动断"形式接入的，但 PLC 控制电路中都改成以"动合"形式接入。这样的接法是为初学者设计的，具体分析可见本节的"编程注意事项"。

还需说明的是，FX3U 系列 PLC 的输入接线有漏型输入和源型输入之分。漏型输入接线是将 24V 端子和 S/S 端子连接，输入公共端接 0V 端子；源型输入接线是将 0V 端子和 S/S 端子连接，输入公共端接 24V 端子。本书如无特别安排，都采用图 3-18b 所示的源型输入接线。

通常的三相异步电动机起动、停止控制主要由以下 1）、2）两点组成，采用 PLC 控制后可以增加报警功能 3）。

1）按下按钮 SB1，线圈 KM 得电，主电路电动机 M 转动并保持，即自锁。

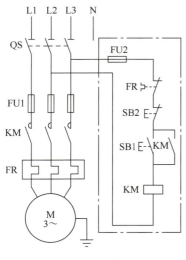
a）主电路和控制电路

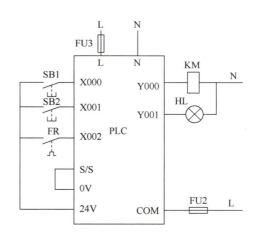
b）PLC 控制电路

图 3-18　三相异步电动机起动、停止电路

2）按下按钮 SB2 或电动机 M 过载时，线圈 KM 失电，主电路电动机 M 停止。

3）若电动机 M 过载，在热继电器 FR 动作、电动机 M 停止的同时，报警灯 HL 闪烁。

编写控制梯形图的方法如下：

（1）利用触点组合编写的控制梯形图　利用触点组合编写的控制梯形图如图 3-19 所示。图中的 END 指令表示程序结束，它在编程软件中会自动给出，用户不必填写，这里只做一个表示，今后的示例中将不再出现。

在计算机上编写如图 3-19 所示的梯形图，并传送到 PLC，再使 PLC 处于"RUN"状态。按下起动按钮 SB1，输入继电器 X000 得电，在梯形图上，其常开触点 X000 闭合，输出继电器 Y000 得电，Y000 外部的动合触点闭合，KM 线圈得电，从而使电动机 M 旋转。内部常开触点 Y000 闭合并保持，即软件触点的自锁。

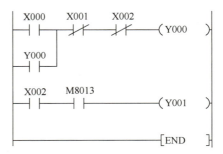

图 3-19　利用触点组合编写的控制梯形图

按下停止按钮 SB2，输入继电器 X001 得电，在梯形图上，其常闭触点 X001 断开，输出继电器 Y000 失电，内部常开触点 Y000 断开并解锁，线圈 KM 失电，主电路中的 KM 动合主触点断开，电动机 M 停止旋转，等待下一个起动信号。

若电动机过载，FR 动合触点闭合，输入继电器 X002 得电，其常闭触点 X002 断开，输出继电器 Y000 失电，KM 线圈失电，电动机 M 失电停止，以实现对电动机 M 的保护。

图 3-19 中的 M8013 即 1s 时钟脉冲，当电动机过载时，常开触点 X002 闭合，在 1s 时钟脉冲的作用下，输出线圈 Y001 出现 0.5s 得电，0.5s 失电的循环状态，使报警灯 HL 闪烁。

（2）利用置位、复位指令编写的控制梯形图　利用置位、复位指令编写的控制梯形图如图 3-20 所示。起动时，当 SB1（X000）闭合时，线圈 KM（Y000）被置位（得电），此后若 SB1 断开，KM 仍得电保持；当希望电动机 M 停止或电动机 M 过载时，SB2（X001）

或 FR（X002）闭合，KM 线圈（Y000）立即复位（失电），SB2 或 FR 断开后，KM 仍旧失电；当 SB1 和 SB2 均闭合时，由于 RST 指令在后，所以 KM 线圈失电，这就是所谓的停止优先控制。若将图 3-20 中的第 0、1 两条梯形图对换，就形成了起动优先控制，请读者自行分析。

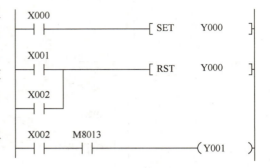

图 3-20　利用置位、复位指令
编写的控制梯形图

2. 三相异步电动机正反转控制——互锁逻辑的应用

三相异步电动机正反转控制的主电路和控制电路如图 3-21 所示，输入/输出元件的地址分配可对照图 3-21b 进行分析，其中 SB1 是停止按钮，SB2 是正向起动按钮，SB3 是反向起动按钮，KM1 是正转接触器，KM2 是反转接触器。

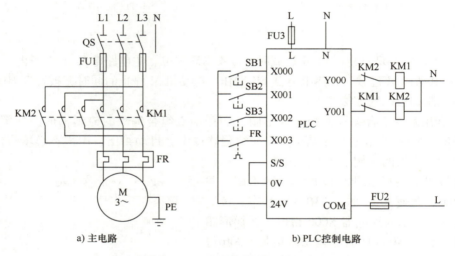

a) 主电路　　　　　　　　b) PLC 控制电路

图 3-21　三相异步电动机正反转控制的主电路和控制电路图

注意：

为了突出重点，从本例开始，原控制电路都不再给出，如需了解，可查找相关资料。

通常的三相异步电动机正反转控制主要由以下 1）、2）、3）点组成，采用 PLC 控制后，也可以在软件上增加一些可靠性方面的辅助功能，如 4）。

1）在电动机 M 停止状态下，按下 SB2，接触器 KM1 得电，其动合触点闭合，电动机正转。

2）在电动机 M 停止状态下，按下 SB3，接触器 KM2 得电，其动合触点闭合，电动机反转。

3）按下 SB1，或因过载导致热继电器动合触点 FR 闭合时，KM1 或 KM2 失电，电动机停转。

4）为了提高可靠性，除在输出电路中设置电路互锁外，要求在梯形图中也设置软触点互锁。

对三相异步电动机正反转控制梯形图分析如下。

（1）触点互锁的控制梯形图　符合控制要求的触点互锁的控制梯形图如图 3-22 所示，在本梯形图中，对每个元件都做了注释，目的是为了便于阅读，元件注释可在使用编程软件编写梯形图时添加。

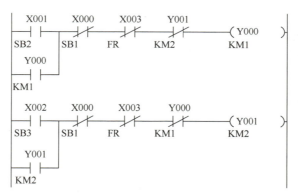

图 3-22　触点互锁的控制梯形图

在图 3-22 中，正转起动时，按下 SB2 时，输入继电器常开触点 X001 闭合，输出继电器 Y000 被驱动并自锁，接触器 KM1 得电，其动合触点闭合，电动机正转；与此同时，输出继电器的常闭触点 Y000 断开，以确保 Y001 不能得电，实现互锁。反转起动时，按下 SB3，输入继电器常开触点 X002 闭合，输出继电器 Y001 被驱动并自锁，接触器 KM2 得电，其动合触点闭合，电动机反转；与此同时，输出继电器的常闭触点 Y001 断开，以确保 Y000 不能得电，实现互锁。当按下 SB1 时，常闭触点 X000 断开，或过载时，热继电器动合触点 FR 闭合，常闭触点 X003 断开，这两种情况都能使输出继电器 Y000 或 Y001 失电，从而导致 KM1 或 KM2 失电，电动机停转。

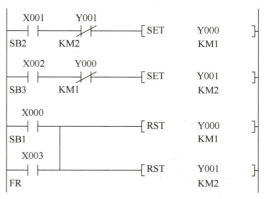

图 3-23　用置位、复位指令实现的三相异步电动机正反转控制梯形图

（2）置位、复位指令的控制梯形图　三相异步电动机正反转控制梯形图也能用置位、复位指令实现，如图 3-23 所示，请读者自行分析其工作原理。

3. 三相异步电动机丫－△减压起动控制——时间逻辑的应用

三相异步电动机丫－△减压起动电路如图 3-24 所示，其中图 3-24a 是主电路，图 3-24b 是 PLC 控制电路。输入/输出元件的地址分配可对照图 3-24b 分析得到，其中 SB1 是起动按钮，SB2 是停止按钮。

通常的三相异步电动机丫－△减压起动控制主要由以下 1）、2）、3）点组成，采用 PLC 控制后，也可以在软件上增加一些可靠性方面的辅助功能，如 4）。

1）按下起动按钮 SB1，接触器线圈 KM1、KM2 得电，电动机 M 丫联结并起动，同时，定时器开始计时。计时时间到后，接触器线圈 KM2 失电，KM3 得电，电动机 M△联结，进入正常运转状态。

2）按下停止按钮 SB2，接触器线圈均失电，电动机 M 停止。

3）当电动机过载时，FR 动合触点闭合，接触器线圈均失电，电动机 M 停止。

4）为了提高可靠性，KM2 和 KM3 除输出电路中有触点互锁外，在梯形图中也增加软触点互锁。

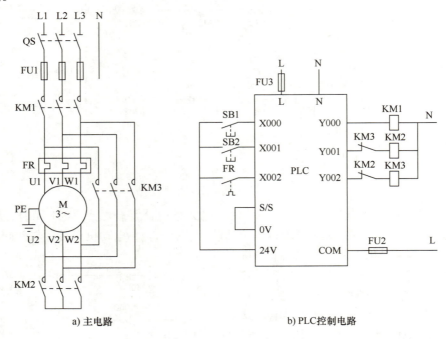

a) 主电路　　　　　　　　　　　　b) PLC控制电路

图 3-24　三相异步电动机丫－△减压起动电路

　　符合三相异步电动机丫－△减压起动控制要求的梯形图如图 3-25 所示。在图 3-25 中，当按下起动按钮 SB1 时，输入继电器常开触点 X000 闭合，输出继电器 Y000 得电并自锁，常开触点 Y000 闭合，输出继电器 Y001 也得电，此时 KM1、KM2 得电，电动机 M 丫联结起动。与此同时，定时器 T0 开始计时，3s 时间到后，常闭触点 T0 断开，输出继电器 Y001 失电，其常闭触点 Y001 闭合，又因为常开触点 T0 闭合，所以输出继电器 Y002 得电，此时KM1、KM3 得电，电动机 M△联结正常运转。输出线圈 Y001 和 Y002 各自回路中串联的常闭触点 Y002 和 Y001 达到软互锁的目的。热继电器 FR 和停止按钮 SB2 的功能同前所述。

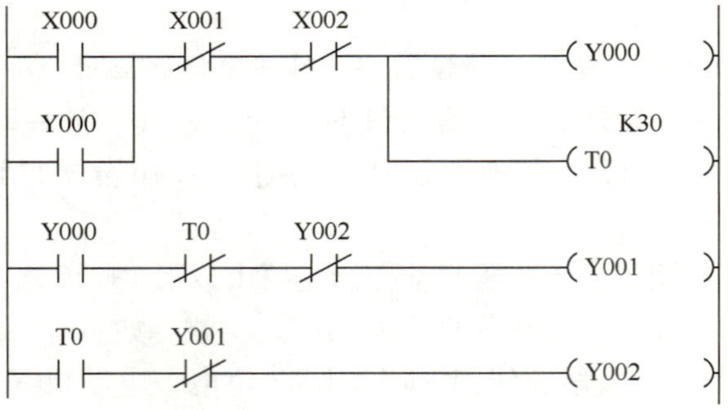

图 3-25　三相异步电动机丫－△减压起动控制梯形图

4. 两地控制（采用单联开关）——异或和同或逻辑的应用

两地控制最典型的应用是一灯双控照明电路，如图 3-26 所示，它使用两个双联开关。PLC 则能方便地用单联开关实现两地控制和多地控制。单联开关两地控制 I/O 接线如图 3-27 所示。

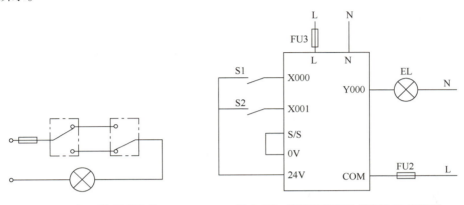

图 3-26 一灯双控照明电路 　　　　　　　图 3-27 单联开关两地控制 I/O 接线图

按一灯双控照明电路的控制要求，用 PLC 编写的控制梯形图应该实现如下功能：

当开关 S1、S2 中任意一个的状态变化一次（如闭合开关 S1，即 S1 从断开到闭合），灯 EL 的状态也变化一次，从亮变为灭，或者从灭变为亮。

（1）用异或逻辑编写梯形图 用异或逻辑编写的梯形图如图 3-28a 所示，由于开关能稳定地处于闭合、断开两个不同的位置，所以触点 X000、X001 具有闭合和断开两种稳定的状态。在图 3-28a 中，当 S1、S2 一开始都处于断开状态时，梯形图中常开触点 X000 和 X001 都断开，线圈 Y000 失电。当 S1 和 S2 有一个闭合时，梯形图中常开触点 X000 和 X001 就会有一个闭合，线圈 Y000 得电。可以看出，当两个开关的状态相同时，无输出；当两个开关的状态不同时，有输出，这也是异或逻辑名称的来源，即输入不同时有输出。

（2）用同或逻辑编写梯形图 用同或逻辑编写的梯形图如图 3-28b 所示，同理，在图 3-28b 中，当 S1（X000）、S2（X001）都处于断开或闭合状态时，线圈 Y000 得电；当 S1（X000）、S2（X001）的断开和闭合状态不同时，线圈 Y000 失电。这也是同或逻辑名称的来源，即输入相同时有输出。

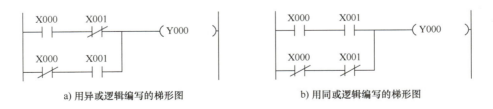

a）用异或逻辑编写的梯形图 　　　　　　　b）用同或逻辑编写的梯形图

图 3-28 一灯双控照明电路的控制梯形图

在此基础上，三地控制的梯形图如图 3-29 所示，图中将触点 X000、X001 状态异或的结果用 M0 表示，将触点 M0 和触点 X002 的状态再异或一次，其结果送线圈 Y000。具体动作过程请读者自行尝试。也可顺着这个思路考虑一下四地控制的实现。

5. 单按钮起动、停止控制——双稳态逻辑的应用

所谓单按钮起动、停止控制，就是用一个普通按钮代替起动和停止两个按钮的功能，该按钮接入 PLC 的输入点（如 X000），当按钮按下一次，相应的输出点为 ON，当按钮再按下一次，该输出点为 OFF，如此可不断循环执行，这就是典型的双稳态程序。

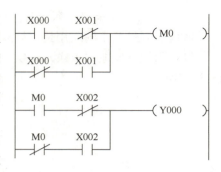

图 3-29 三地控制的梯形图

利用脉冲指令的特点，能方便地写出单按钮起动、停止控制的梯形图，为简单起见，以下梯形图中统一设定输入元件为普通按钮 SB1，接到输入端 X000，输出元件为接触器 KM，接到输出端 Y000。

用脉冲输出指令和触点组合编写的单按钮起动、停止控制的梯形图如图 3-30 所示。从图中可以看出，该梯形图分为两条，第一条是当 SB1 按钮闭合时，输入触点 X001 同时闭合，在 PLS 指令的作用下，辅助继电器 M0 上产生一个脉冲（M0 得电一个扫描周期）；第二条是一个典型的异或电路，它将 M0 的状态和输出继电器 Y000 的状态相异或后，在 Y000 输出。运行开始时，Y000 输出的状态为 OFF，SB1 第一次闭合时，在 M0 上产生一个上升沿脉冲（ON），线圈 Y000 的状态（OFF）和 M0 的状态（ON）异或，在线圈

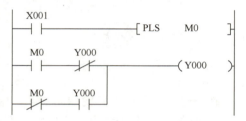

图 3-30 用脉冲输出指令和触点组合编写的单按钮起动、停止控制的梯形图

Y000 上得到结果为 ON；SB1 第二次闭合时，在 M0 上又产生一个上升沿脉冲（ON），此时线圈 Y000 的当前状态为 ON，两者异或，在线圈 Y000 上得到结果为 OFF。这样，每按一次按钮 SB1，输出线圈 Y000 的状态就改变一次，接触器 KM 即得电或失电一次，由此实现了在单按钮的控制下电动机的起动和停止。每输入一个脉冲，输出的状态就翻转一次，这是一个典型的双稳态电路。

请读者注意，这里一定要使用脉冲形式，千万不能将图 3-30 中的 PLS 指令去掉。如果去掉，当 SB1 闭合时，在每个扫描周期，输出线圈 Y000 的状态都要改变一次，这显然是达不到控制目的的。

6. 输入信号的防抖动控制——单稳态逻辑的应用

假设梯形图中有一个计数器，计数器的计数驱动信号由 X000 输入，用一个按钮接到 PLC 的输入点 X000，则按钮按下一次，计数器的当前值加 1，这是最理想的状态。但实际情况是有时按钮按下一次，计数器的当前值不是加 1，而是加 1 后再加 1，甚至又加 1，这是按钮触点接触不良造成的，即在按钮触点接触的过程中发生抖动，由此产生了数个不应该产生的脉冲信号，这些脉冲信号使计数器出现计数误差，如图 3-31a 中 X000 的前一个波形所示。

用定时器构成能消除接触抖动的单稳态控制梯形图如图 3-31b 所示。

在图 3-31b 中，当常开触点 X000 闭合，产生第一个抖动脉冲信号时，通过一个扫描周期，辅助继电器 M0 立即得电并自锁，第二个及以后的脉冲对 M0 没有影响。同时，定时器 T0 开始计时，计时时间（0.5s）到后，定时器 T0 的常闭触点断开，M0 失电。可以看出，无论输入端（X000）ON 信号的时间长短，M0 输出的信号脉宽均为 0.5s。当触点 X000 和

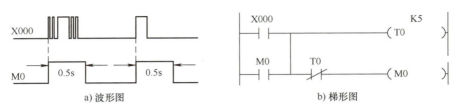

图 3-31　单稳态控制

M0 都断开后，定时器 T0 复位，恢复到初始状态。利用该梯形图可以有效地消除输入元件（和 X000 连接）抖动产生的干扰。

7. 矩形波的产生和控制——无稳态逻辑的应用

产生矩形波的电路称为多谐振荡器，属于无稳态电路的一种。为了能在 PLC 输出端输出矩形波，用编程软件编写的无稳态控制梯形图及波形图如图 3-32 所示。

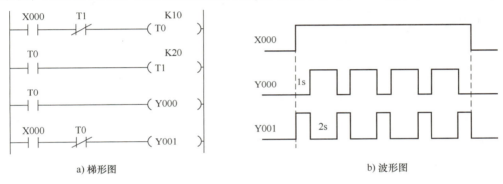

图 3-32　多谐振荡器

在图 3-32 中，当触点 X000 闭合，定时器 T0 即开始计时，1s 时间到后，常开触点 T0 闭合，定时器 T1 开始计时，2s 时间到后，常闭触点 T1 断开，将定时器 T0 复位，定时器 T0 的复位使常开触点 T0 断开，使定时器 T1 复位，定时器 T1 的复位又导致常闭触点 T1 闭合，使定时器 T0 又重新开始计时……于是在输出线圈 Y000 和 Y001 上得到一个周期为 3s 的波形输出。当触点 X000 断开时，振荡停止，无输出。Y000 输出信号的脉宽由 T1 设定的时间 t_1 决定，其周期由 T0 和 T1 设定的时间（$t_0 + t_1$）决定，Y001 是 Y000 的互补输出。

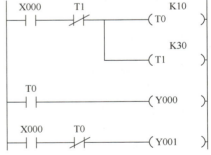

无稳态控制梯形图也可以设计成如图 3-33 所示的形式，不同的是，这里 T1 的设定时间（3s）是振荡周期，且一般情况下 T0 设定的时间 t_0 要小于 T1 设定的时间 t_1，在此读者可以想一想其中的理由。

图 3-33　无稳态控制梯形图的另一种设计

8. 序列脉冲的发生和控制——自复位逻辑的应用

用定时器构成的序列脉冲发生程序如图 3-34 所示。图中，当触点 X000 闭合时，定时器 T0 开始计时，5s 后，计时时间到，其常闭触点断开。在下一个扫描周期，常闭触点 T0 的断开使其自身的定时器 T0 复位。再下一个扫描周期，因 T0 复位，其常闭触点再闭合，定时器 T0 又开始第二次计时, 如此循环, 可在其常开触点上得到周期为 5s (忽略了一个扫描周期的时间) 的脉冲序列。

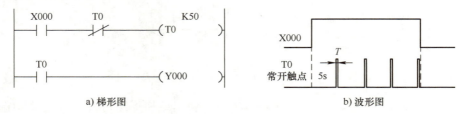

a) 梯形图

b) 波形图

图 3-34　序列脉冲发生程序

用计数器和定时器的组合构成的长定时程序, 如图 3-35 所示。其工作过程是在触点 X000 闭合时产生一个周期为 600s 的序列脉冲, 作为计数器 C10 的计数脉冲, 当计数 100 次时, 输出继电器 Y001 得电。从触点 X000 闭合到输出继电器 Y001 得电, 共用时 600 × 100s = 60000s。

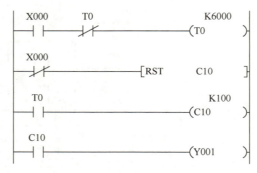

图 3-35　长定时程序

9. 抢答器控制程序分析——程序块概念初步

下面分析一个 4 人抢答器梯形图, PLC 输入端接有 6 个输入按钮, 输出端接有 5 个指示灯, I/O 地址分配见表 3-13。

表 3-13　I/O 地址分配

输入			输出		
符号	地址	注释	符号	地址	注释
SB0	X000	主持人开始按钮	H0	Y000	开始指示灯
SB1	X001	1#选手按钮	H1	Y001	1#选手指示灯
SB2	X002	2#选手按钮	H2	Y002	2#选手指示灯
SB3	X003	3#选手按钮	H3	Y003	3#选手指示灯
SB4	X004	4#选手按钮	H4	Y004	4#选手指示灯
SB5	X005	复位按钮			

由竞赛规则细化成的具体要求如下:

1) 主持人出题, 按下开始按钮 (X000), 开始指示灯 (Y000) 亮后, 选手方可抢答。若有选手抢先在主持人之前按下按钮, 主持人再按下按钮, 指示灯 (Y000) 不亮。

2）开始指示灯（Y000）亮后，某选手抢先按下按钮，该选手指示灯亮，表示抢答成功。

3）开始指示灯（Y000）未亮时，某选手抢先按下按钮，该选手指示灯闪烁，表示犯规，其他选手按下无效，不犯规。

4）按下复位按钮，所有指示灯灭，可重新开始。

下面对按具体要求编写的程序分块介绍如下。

（1）主持人和选手的关系　用辅助继电器 M1～M4 表示 1#～4#选手抢先按下按钮的状态，主持人开始按钮（X000）和 M1～M4 的关系如图 3-36 所示。它表示选手按钮没有按下时，主持人开始按钮按下有效并自锁，Y000 为 ON。如有选手抢先按下按钮，M1～M4 中有一个常闭触点断开，则主持人开始按钮按下无效，Y000 为 OFF。复位按钮（X005）按下，Y000 复位。

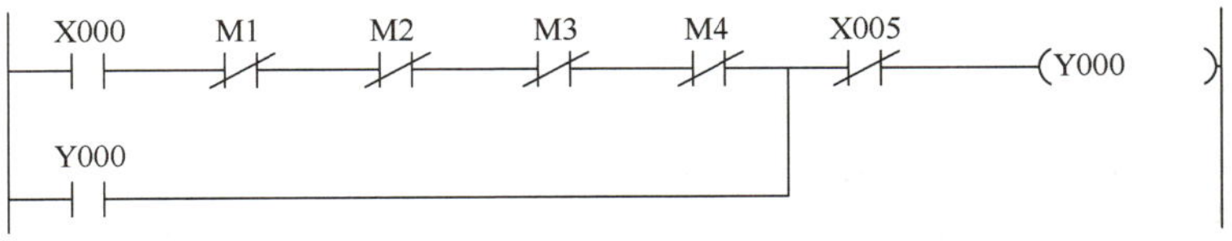

图 3-36　X000 和 M1～M4 的关系

（2）选手和选手间的关系　选手和选手应该是互锁的关系，如图 3-37 所示。从图中可以看出，如 1# 选手抢先按下按钮，无论犯规与否，都能使 M1 为 ON 并自锁，同时断开 M1 的常闭触点，迫使其他选手的按钮按下无效。按下复位按钮（X005）可复位 M1～M4。

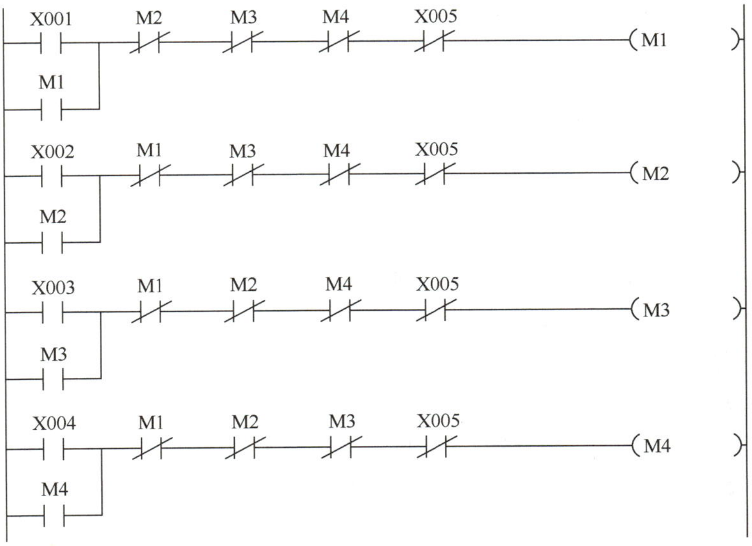

图 3-37　选手和选手间的关系

（3）开始指示灯状态和选手抢答状态的组合　开始指示灯状态和选手抢答状态的组合如图 3-38 所示。从图中可以看出，选手状态（M1～M4）和指示灯（Y001～Y004）一一对应，哪个选手抢先，对应的指示灯即有反映。但抢答成功（常亮）还是犯规（闪烁），要由前面的标志（Y000）来确定。没有犯规，即触点 Y000 闭合，辅助继电器 M8013（振荡周期为 1s 的脉冲）的触点被短接，选手对应的指示灯常亮；若有犯规，即触点 Y000 断开，辅助继电器 M8013 的触点开始作用，选手对应的指示灯闪烁。

从上面的分析可以看出，一个完整的抢答器控制程序由主持人和选手的关系、选手和选手的关系及状态的组合三部分组成。

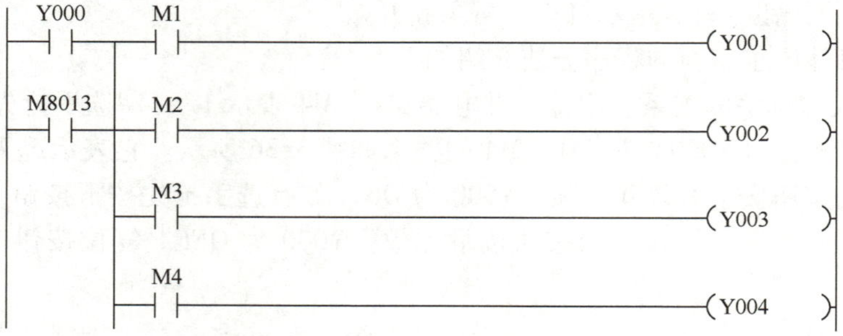

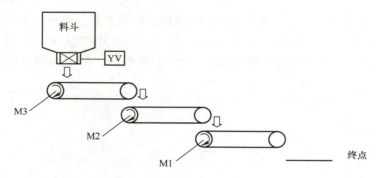

图 3-38　开始指示灯状态和选手抢答状态的组合

10. 带式输送机控制——正序起动、逆序停止控制程序的设计

带式输送机的示意图如图 3-39 所示。通过本例学习再大一点程序的编写，体会完整的程序设计过程。

图 3-39　带式输送机示意图

带式输送机的主要功能是将料斗中的物料依次通过输送带 3（M3 带动）、输送带 2（M2 带动）和输送带 1（M1 带动）将物料传送到终点。为了生产的正常进行，对带式输送机有以下一些特殊要求。

（1）控制要求

1）正常起动：起动时，为了避免前段输送带上物料的堆积，要求逆物料流动方向按一定时间间隔顺序起动，起动顺序为 M1→M2→M3→YV，时间间隔分别为 6s、5s、4s。

2）正常停止：停止顺序为 YV→M3→M2→M1，时间间隔均为 4s。

3）紧急停止：YV、M3、M2 和 M1 立即停止。

4）故障停止：M1 过载时，YV、M3、M2 和 M1 立即同时停止；M2 过载时，YV、M3 和 M2 立即同时停止，M1 延时 4s 后停止；M3 过载时，YV、M3 立即同时停止，M2 延时 4s 后停止，M1 在 M2 停止后延时 4s 停止。

（2）I/O 地址分配　I/O 地址分配表见表 3-14。

表 3-14　I/O 地址分配表

输入元件	符号	输入地址	输出元件	符号	输出地址
起动按钮	SB1	X001	电磁阀	YV	Y000
急停按钮	SB2	X002	M1 接触器	KM1	Y001
停止按钮	SB3	X003	M2 接触器	KM2	Y002
热继电器 1 动合触点	FR1	X004	M3 接触器	KM3	Y003
热继电器 2 动合触点	FR2	X005			
热继电器 3 动合触点	FR3	X006			

　　为了分析问题方便，将控制要求分为两步：第一步，只考虑顺序起动和紧急停止；第二步，在第一步的基础上完成所有控制要求。

　　（3）顺序起动和紧急停止　顺序起动和紧急停止控制程序如图 3-40 所示。在图中，使用了三个定时器，由各定时器的常开触点依次控制下一个状态的实现。例如，起动时，按下起动按钮 SB1，触点 X001 闭合，输出继电器 Y001 得电并自锁，同时，定时器 T0 开始计时，定时 6s。定时时间到，常开触点 T0 闭合，输出继电器 Y002 得电，同时定时器 T1 开始计时……直到输出继电器 Y000 得电。当按下紧急停止按钮 SB2 时，则常闭触点 X002 断开，按梯形图顺序，依次使 Y001 失电，T0 复位，Y002 失电，T1 复位，Y003 失电，T2 复位，最后 Y000 失电，由此在一个扫描周期内完成所有停止动作。

　　（4）顺序起动、紧急停止、正常停止和过载保护　功能完整的梯形图如图 3-41 所示。在图中增加了 3 条梯形图用于正常停止控制。在新增加的第 1 条梯形图中，按下正常停止按钮 SB3 时，触点 X003

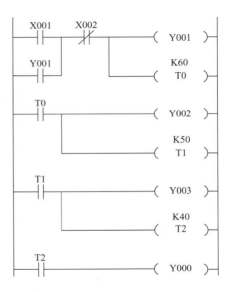

图 3-40　顺序起动和紧急停止控制程序

闭合，M1 得电并自锁，定时器 T3 开始计时，然后依次起动 T4、T5，进入正常停止过程。定时器各自的常闭触点串联到前 4 条梯形图中，如图 3-41 中虚线框内所示，使线圈 Y000、Y003、Y002、Y001 依次失电，T2、T1、T0 依次复位。当最后的 Y001 失电后，其常开触点断开，使 T3、T4、T5 复位，为下一次操作做好准备。对于过载情况的处理，根据控制要求将各热继电器的触点接入梯形图中虚线框所示位置，其作用请读者自行分析。

　　11. 编程注意事项

　　（1）关于输入元件的动断触点　在上述实例中，停止按钮和热继电器都采用动合触点接入，目的是使初学者方便学习，因为如图 3-19 所示的梯形图和习惯的继电 - 接触器控制电路大体上一致，便于分析。但在通常的控制电路中，为了达到控制的可靠性，停止按钮和热继电器都采用动断触点接入。若采用动断触点接入（起动按钮 SB1 还是采用动合触点接入），可将图 3-19 所示的梯形图改写成如图 3-42 所示的形式。

　　由于停止按钮（SB2）和热继电器（FR）采用动断触点，所以梯形图中的常开触点

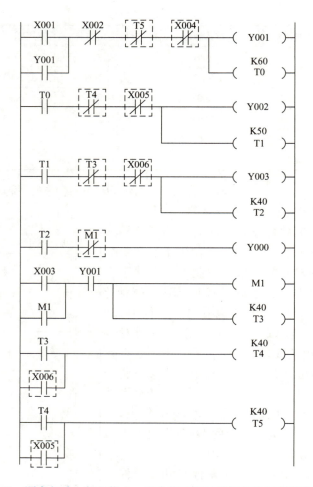

图 3-41　顺序起动、紧急停止、正常停止和过载保护控制程序梯形图

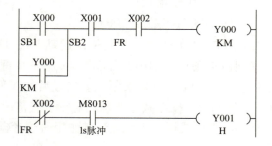

图 3-42　停止按钮、热继电器采用动断触点的梯形图

X001、X002 在停止按钮（SB2）、热继电器（FR）未动作时都是闭合的，当 SB1（X000）闭合时，线圈（Y000）得电并自锁。常闭触点 X002 在热继电器（FR）未动作时是断开的，输出线圈 Y001 不会得电。

（2）线圈位置不对的梯形图及转换　线圈位置不对的梯形图如图 3-43a 所示，从图中可以看出，该梯形图的目的是在触点 A、B、C 都闭合时，线圈 F 得电。但在梯形图中线圈必须在最右边，可将图 3-43a 转换成图 3-43b 所示形式。

a) 错误的梯形图　　　　　　　　　　b) 转换后正确的梯形图

图 3-43　线圈位置不对的梯形图及转换

（3）桥式电路　桥式电路如图 3-44a 所示，从图中可以看出，该电路的目的是在触点 A 与 B 闭合或触点 C 与 D 闭合或触点 A 与 E 与 D 闭合或触点 C 与 E 与 B 闭合时，线圈 F 得电。但梯形图没有此类表示方法，因此应将图 3-44a 转换成图 3-44b 才能正确地写入 PLC 存储器。

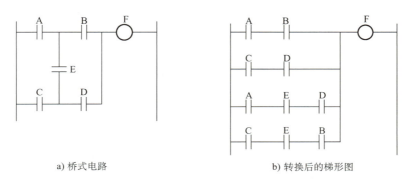

a) 桥式电路　　　　　　　　　　　　b) 转换后的梯形图

图 3-44　桥式电路的转换

（4）同名双线圈输出及其对策　图 3-45a 所示为同名双线圈输出梯形图。在编程语法上，该梯形图并不违反规定，但在实际执行中，其结果有时会和编程者的要求有所不同。编程者希望当触点 A、B 闭合或触点 C、D 闭合或四个触点都闭合时，线圈 F 均得电。但在实际执行中，当触点 A、B 闭合，而触点 C、D 断开时，线圈 F 并不得电。这是因为 PLC 采用循环扫描的处理方式。在输入采样后，CPU 对梯形图自上而下进行运算。在运算第一条电路时，线圈 F 得电，但在运算到第二条电路时，线圈 F 失电。在输出刷新时，以最后的运算结果为准进行输出。为了准确地达到控制要求，可将图 3-45a 改造成图 3-45b 所示的形式。

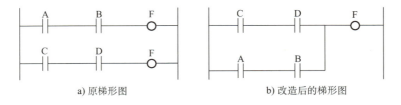

a) 原梯形图　　　　　　　　　　　　b) 改造后的梯形图

图 3-45　同名双线圈输出

（5）注意梯形图的结构

1）宜将串联电路多的部分画在梯形图上方。图 3-46a 所示的梯形图可改画成图 3-46b 所示的梯形图。改画后，梯形图的功能不变，但可少写 ORB 指令，减少指令数，使程序更趋合理。

2）宜将并联电路多的部分画在梯形图左方。图 3-47a 所示的梯形图可改画成图3-47b所示的梯形图，同样，改画后梯形图的功能不变，但可少写 ANB 指令。

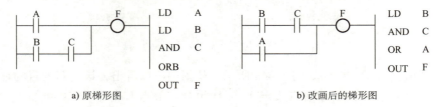

a) 原梯形图   b) 改画后的梯形图

图 3-46　合理安排串联电路

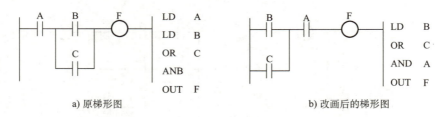

a) 原梯形图   b) 改画后的梯形图

图 3-47　合理安排并联电路

以上讲述了在编写单元程序时的一些注意事项。在编制完整的控制程序时，还有更重要的问题要考虑，这些将在后面结合实际事例再做讨论。

第四节　应用指令和步进指令

在第二、三节中详细地介绍了基本指令的功能及使用方法，本节仍以 FX3U 系列 PLC 为例介绍常用的应用指令和步进指令。

FX3U 系列 PLC 的指令除基本指令（27 条）外，还有应用指令（128 种，298 条）和步进指令（2 条），因篇幅有限，本节共介绍 9 条指令，其余可见编程手册。

一、应用指令

应用指令的操作码有一个统一的格式，如图 3-48 所示。图中 1、2、3 为操作码，4 为操作数。操作数有两种：通过执行指令不改变其内容的操作数称为源，用 $\boxed{S\cdot}$ 表示；通过执行指令改变其内容的操作数称为目标，用 $\boxed{D\cdot}$ 表示。源和目标的用法将在后面结合实例进行说明。

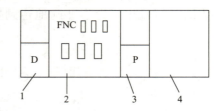

图 3-48　应用指令的格式

1—使用 32 位的指令　2—应用指令的功能号及指令符号
3—脉冲执行指令的指令　4—操作数

1. 条件跳转指令 CJ

CJ 指令的功能号为 00。其功能是在条件成立时，跳过不执行的部分程序。条件跳转指令的应用如图 3-49 所示。图中 P8 为操作数，它表示当条件符合时所要跳转到的位置。

在触点 X000 未闭合时，梯形图中的输出继电器 Y000、Y001 及定时器、计数器受到触

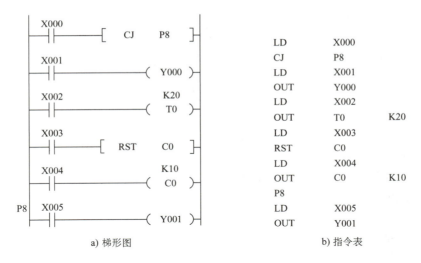

a) 梯形图　　　　　　　　　　　　　　b) 指令表

图 3-49　条件跳转指令的应用

点 X001、X002、X003、X004、X005 的控制。当触点 X000 闭合时，从跳转指令到操作数所在指令间的梯形图都不被执行。具体表现：无论触点 X001 闭合与否，输出继电器 Y000 都保持触点 X000 闭合前的状态；定时器 T0 停止计时，即触点 X002 闭合后定时器不计时，触点 X002 断开后定时器也不复位；计数器 C0 停止计数，触点 X003 闭合不能复位计数器，触点 X004 闭合也不能使计数器计数。由于 Y001 在 P8 后面，所以不受 CJ 指令的影响。若采用 CJP 指令，则表示在 X000 由断开转为闭合之后，只有一次跳转有效。

当条件跳转指令和主控指令一起使用时，应遵循如下规则：

1）当要求由 MC 外跳转到 MC 外时，可随意跳转。

2）当要求由 MC 外跳转到 MC 内时，跳转与 MC 的动作有关。

3）当要求由 MC 内跳转到 MC 内时，若主控断开，则不跳转。

4）当要求由 MC 内跳转到 MC 外时，若主控断开，则不跳转；若主控接通，则跳转，但 MCR 无效。

由于主控指令和条件跳转指令一起使用较为复杂，建议初学者最好不要同时使用，以避免一些意想不到的问题出现。

2. 比较指令 CMP

CMP 指令的功能号为 10。其功能是将两个源数据字进行比较，所有的源数据均按二进制处理，并将比较的结果存放于目标软元件中。其中，两个数据字可以是以 K 为标志的常数，也可以是计数器、定时器的当前值，还可以是数据寄存器中存放的数据。目标软元件为 Y、M、S。比较指令的应用如图 3-50 所示。在图中，当触点 X000 闭合时，将常数 10 和计数器 C20 中的当前值进行比较。目标软元件选定为 M0，则 M1、M2 即被自动占用。当常数 10 大于 C20 的当前值时，触点 M0 闭合；当常数 10 等于 C20 的当前值时，触点 M1 闭合；当常数 10 小于 C20 的当前值时，触点 M2 闭合。当触点 X000 断开时，不执行 CMP 指令，但以前的比较结果被保存，可用 RST 指令复位清零。

3. 传送指令 MOV

MOV 指令的功能号为 12。其功能是将源软元件的内容传送到目标软元件。作为源的软元件可以是输入/输出继电器 X/Y、辅助继电器 M、定时器 T（当前值）、计数器 C（当前值）和数据寄存器 D。以上软元件除输入继电器 X 外，也都可以作为目标软元件。传送指令的应用如图 3-51 所示。

在图 3-51a 中，当触点 X000 闭合时，MOV 指令将常数 10 传送到数据寄存器 D1，作为定时器 T0 的设定值。在图 3-51b 中，当常开触点 X000 闭合时，MOV 指令将计数器的当前值送到输出继电器 Y000 ~ Y007 输出。图 3-51b中的 K2 Y000 是将位元件组合成字元件的一种表示方法。在 PLC 中，将 X、Y、M、S 这些只处理闭合/断开信号的软元件称为位元件；将 T、C、D 这些处理数值的软元

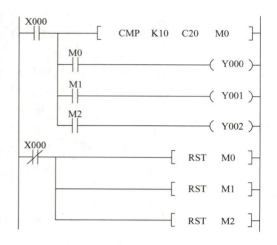

图 3-50　比较指令的应用

件称作字元件。位元件可通过组合来处理数据，它以 Kn 与开头软元件地址号的组合来表示。当为 4 位位元件组合时，$n=1$，表示用 4 个连续的位元件来代表 4 位二进制数。因此 K2 Y000 表示 Y000 ~ Y007，即将计数器 C0 的当前值在 Y000 ~ Y007 上以二进制的形式输出。

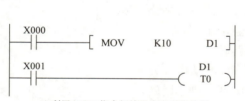

a) 利用 MOV 指令间接设定定时器的值

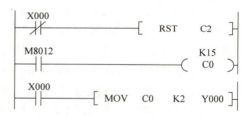

b) 利用 MOV 指令读出计数器的当前值

图 3-51　传送指令的应用

4. 二进制加法指令 ADD 和二进行减法指令 SUB

ADD 指令的功能号为 20。其功能是将两个源数据进行代数加法，相加结果送入目标所指定的软元件中。各数据的最高位为符号位，该位为 0 表示正，为 1 表示负。在 16 位加法运算中，当运算结果大于 32767 时，进位继电器 M8022 动作；当运算结果小于等于 −32768 时，借位继电器 M8021 动作。二进制加法指令的应用如图 3-52 所示，当触点 X000 闭合时，常数 K120 和数据寄存器 D0 中存储的数据相加，并把结果送入目标数据寄存器 D1。

SUB 指令的功能号为 21。其功能是将两个源数据进行代数减法，相减结果送入目标所指定的软元件中。数据符号和进位、借位标志同 ADD 指令。SUB 指令的应用同样如图 3-52 所示。当触点 X001 闭合时，数据寄存器 D2 中存储的数减去常数 180，并把相减结果送入目标数据寄存器 D3。

5. 位右移指令 SFTR 和位左移指令 SFTL

SFTR 指令的功能号为 34，SFTL 指令的功能号为 35。其功能是对 n_1 位（目标移位寄存

图 3-52　二进制加法与减法指令的应用

器的长度）的位元件进行 n_2 位的位左移或位右移。SFTR 指令的应用如图 3-53 所示。

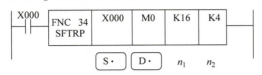

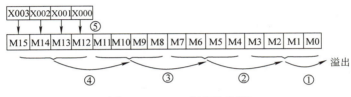

图 3-53　SFTR 指令的应用

在图 3-53 中，SFTRP 指令中的"P"表示脉冲执行指令，触点 X000 每闭合一次，就执行一次位右移指令。若使用 SFTR 则连续执行位右移指令，即在每个扫描周期内，都执行一次位右移指令。在图 3-53 中，$n_1 = 16$，表示被移位的目标寄存器长度为 16 位，即 M0 ~ M15；$n_2 = 4$，表示在位右移中移入的源数据为 4 位，即 X000 ~ X003。在位右移时，M0 ~ M3 中的低 4 位首先被移出，M4 ~ M7、M8 ~ M11、M12 ~ M15 和 X000 ~ X003 以 4 位为一组依次向右移动。

SFTL 指令与 SFTR 指令功能相似，所不同的是，在移位时，最高的 n_2 位首先被移出，低位的数据以 n_2 位为一组向左移动，最后源数据数从低 n_2 位移入。

二、步进指令 STL 和返回指令 RET

步进指令是利用内部软元件进行工序步进式控制的指令。返回指令是状态（S）流程结束后用于返回主程序（母线）的指令。按一定规则编写的步进梯形图（STL 图）也可作为顺序功能图（SFC）处理，从顺序功能图反过来也可形成步进梯形图。

STL 和 RET 指令的符号、名称、功能和梯形图见表 3-15，表中的图示和实际软件绘制的梯形图略有不同。

表 3-15　步进指令和返回指令

符号	名称	功能	梯形图
STL	步进	步进阶梯开始	⊢ STL ⊣ ⊢ ( ) ⊣
RET	返回	步进阶梯结束	┌─ RET ─┐

说明：

1）步进状态的地址号不能重复，如图 3-54 中的 S0、S20 和 S21。

2）如果某状态的 STL 触点闭合，则与其相连的电路动作；如果该 STL 触点断开，则与其相连的电路停止动作。

3）在状态转移的过程中，有一个扫描周期内两个相邻状态会同时接通。为了避免不能同时接通的一对触点同时接通，可在程序上设置互锁触点。也由于这个原因，同一个定时器不能使用在相邻状态中。因为两个相邻状态在状态转移时，有一个同时接通的时间，致使定时器线圈不能失电，当前值不能复位。

4）在步进梯形图中，可使用双重线圈，这时不会出现同名双线圈输出的问题。在图 3-54 中，处于状态 S20 时，线圈 Y001 得电；处于状态 S21 时，线圈 Y001 也得电。

5）状态转移可使用 SET 指令。如图 3-54 中的 SET S20，其中触点 X000 是状态转移条件。

SFC 的图形类似机械控制的状态流程图。在 SFC 中，方框"□"表示一个状态，起始状态用双线框表示；方框右侧表示在该状态中被驱动的输出继电器，这个将在下一章详细介绍；方框与方框之间的短横线表示状态转移条件；不属于 SFC 图的电路采用助记符 LAD 0 和 LAD 1 表示。

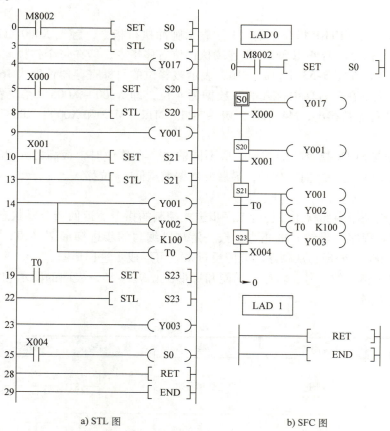

a) STL 图　　　　　　b) SFC 图

图 3-54　步进指令的应用

至此，本书已经介绍了 FX3U 系列 PLC 的大部分基本指令和部分应用指令、步进指令，这些指令是工业控制中的常用指令。各厂商生产的 PLC 虽然编程指令不一样，但这些指令却基本相同，具有很强的通用性，读者在学习上述指令的基础上，可以很容易地掌握其他 PLC 的指令和编程方法。

1. PLC 常用的编程语言有哪几种？

2. FX3U 中软元件的编号有什么规律？

3. FX3U 中单个定时器最大定时时间是多长？

4. 哪些软元件在电源停电时能保持状态？哪些会被复位？

5. 用 X000、X001 作为各输入点，Y000 作为输出点，分别画出它们符合与、或、异或、同或关系的梯形图。

6. 设计一个计数器，其计数次数为 50000 次。

7. 设计一个四地控制的十字路口路灯的控制梯形图。

8. 说明 PLC 不允许双重输出的原因。

9. 设计一个延时开和延时关的梯形图。输入触点 X001 接通 3s 后输出继电器 Y000 得电，之后输入触点 X001 断开 2s 后输出继电器 Y000 失电。

10. 用两个定时器设计一个定时电路：当 X000 接通时，Y000 立即接通；当 X000 断开 10s 后，Y000 才断开。

11. 设计一个梯形图：当按下按钮 X000，Y00 接通并保持；当按三次（用 C1 计数）按钮 X001 后，T1 开始计时，计时 5s 后使 Y000 断开，C1 复位。

12. 有 16 个节日彩灯按红、绿、黄、白……顺序循环布置，要求每 1s 移动一个灯位。通过一个方式开关选择点亮方法：（1）每次只点亮 1 个灯泡；（2）每次顺序点亮 4 个灯泡。试设计控制程序。

13. 自动门由电动机正转（Y000）、反转（Y001）带动门的开和关。门内、外侧装有人体感应器（常开，内 X000、外 X001）探测有无人的接近，开、关门行程终端分别设有行程开关（常闭，开到位 X002、关到位 X003）。当任一侧人体感应器作用范围内有人，人体感应器输出 ON，门自动打开至开门行程开关给出开到位信号为止。两个人体感应器作用范围内超过 10s 无人时，门自动关闭至关门行程开关给出关到位信号为止。试设计控制程序。

本章介绍 PLC 在生产实践中的应用，它包括 PLC 控制系统的硬件设计和软件设计，其中在本章主要介绍的是顺序控制的设计调试方法。由于实际被控对象千变万化，PLC 在各系统中承担的职责也不尽相同，所以本章叙述的方法和步骤只是起到入门引导的作用，具体问题还有待读者在实践中深化。

第一节 控制系统的设计步骤和 PLC 选型

在改造老设备或设计新控制系统时，可以设计一个以 PLC 为核心的控制系统，这时必须要考虑三个问题：一是保证设备的正常运行；二是合理、有效的资金投入；三是在满足可靠性和经济性的前提下，应具有一定的先进性，能根据生产工艺的变化扩展部分功能。因此，设计一个符合控制要求的控制系统，选择符合控制要求的 PLC 机型，是 PLC 应用中的关键点。

本节以独立 PLC 控制系统为例，说明 PLC 控制系统的设计步骤。

1. 分析被控对象，明确控制要求

一般来说，应首先向有关工艺、机械设计人员和操作维修人员详细了解被控设备的工作原理、工艺流程和操作方法，了解被控对象机械、电气和液压传动之间的配合关系，确定被控对象的控制要求。在此基础上画出被控对象的工作流程图，并送相关部门会审、认可。

2. 确定输入/输出设备及信号特点

根据系统的控制要求确定系统的输入设备数量及种类，如按钮、开关和传感器等；明确各输入信号的特点，如是开关量还是模拟量、是直流还是交流、电压等级如何、信号幅度如何等；确定系统的输出设备数量及种类，如接触器、电磁阀和信号灯等；明确这些设备对控制信号的要求，如电压/电流的大小、直流还是交流、电压等级如何、是开关量还是模拟量等。据此确定 PLC 输入/输出设备的类型及数量。

3. 选择 PLC

选择 PLC 的基本原则是在满足控制要求的前提下力争最好的性能价格比，并有良好的售后服务。选择时，有以下几点可供参考。

（1）输出/输入类型 根据输入信号的类型是开关量、数字量还是模拟量，选择与之相匹配的输入单元。根据负载的要求选择合适的输出单元。

（2）结构形式 在小型 PLC 中，整体式的比模块式的便宜，体积也较小，只是硬件配置不如模块式的灵活。如整体式 PLC 的 I/O 点数之比一般为 3∶2 或 1∶1，但实际应用中 PLC 的 I/O 点数之比可能与此相差甚远，模块式 PLC 就能很方便地变换 I/O 点数之比。此外，模块式 PLC 的故障排除时间较短。

（3）I/O 点数　I/O 点数要符合生产要求，并有一定的余量，考虑到增加 I/O 点数的成本，在选型前应对 I/O 点做合理的安排，从而实现用较少的 I/O 点数来保证设备的正常操作。

（4）内存容量　PLC 的用户程序存储器容量以步为单位。对于仅有开关量控制功能的小型 PLC，可把 PLC 的总点数乘以 10，作为估算用户存储器容量的依据。当然存储器容量的大小要根据具体产品型号而定，同时，用户程序的长短与编程方法和技巧有很大的关系。

（5）响应速度　PLC 输入信号与相应的输出信号间有一定的时间延迟，称为响应延迟时间。它包括输入滤波器的延迟时间（5 ~ 10ms）、扫描工作方式引起的延迟时间（最长为 2 ~ 3 个扫描周期）以及输出电路的延迟时间。延迟时间对大多数设备来说无关紧要，但对某些要求快速响应的被控对象，则应选用扫描速度比较快的 PLC，或采取相应的措施。

（6）通信功能　如果要求多台 PLC 或 PLC 与其他智能化控制设备组成自动控制网络，则应考虑选择有相应通信联络功能的 PLC。

（7）编程软件　目前通常采用计算机配以各种编程软件，以便适用于不同类型的 PLC，并可明显提高程序的编写和调试速度。

（8）系列化　从长远和整体的角度出发，一个企业最好优选一个 PLC 厂家的系列化产品，这样可以减少 PLC 的备件，以后建立自动化网络也比较方便，而且只需购置一套编程软件，就可实现资源共享。

（9）售后服务　供应厂商应可以帮助培训人员，帮助安装、调试，提供备件、备品，并且保证维修等，以减少后顾之忧。

4. 分配 I/O 点地址

根据已确定的 I/O 设备和选定的 PLC 列出 I/O 设备与 PLC 的 I/O 点地址对照表，以便于编制控制程序、设计接线图及进行硬件安装。I/O 点地址在分配时要有规律，并考虑信号特点及 PLC 公共端（COM 端）的电流容量。

5. 设计电路

电路包括被控设备的主电路及 PLC 外部的其他控制电路，PLC 的 I/O 接线，PLC 主机、扩展单元及 I/O 设备的供电系统，电气控制柜结构及电气设备安装图等。

6. 设计控制程序

控制程序包括状态表、状态转换图、梯形图和指令表等。

7. 调试

调试包括模拟调试和联机调试。模拟调试是基于 I/O 单元指示灯显示、不带输出设备的调试。联机调试分两步进行：首先连接电气柜，不带负载（如电动机、电磁阀等），检查各输出设备的工作情况；待各部分调试正常后，再带上负载运行调试。

全部调试完成后，还要经过一段时间的试运行，以检验系统的可靠性。

8. 整理技术文件

技术文件包括设计说明书、电器元件明细表、电气原理图和安装图、状态表、梯形图及软件资料、使用说明书等。

在设计过程中，对于设计电路和设计控制程序，若事先有明确的约定，应同时考虑。PLC控制系统设计的流程可概括为图4-1所示内容。

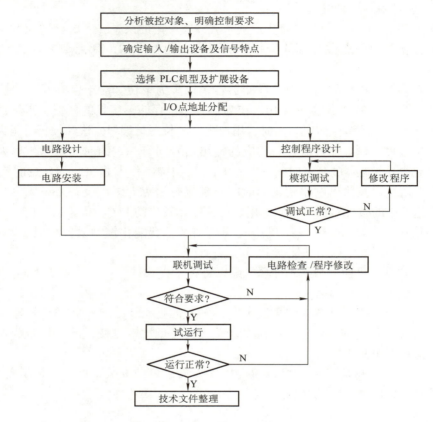

图4-1　PLC控制系统设计流程

第二节　PLC外围电路设计

合理地设计PLC外围电路是整个控制系统设计的一个重要环节，也为后面的程序设计奠定了基础。本节主要讲述PLC外围电路，即I/O电路的设计和PLC供电设计与接地等问题。

一、PLC输入电路的设计

1. 根据输入信号的类型合理选择输入单元

在生产过程控制系统中，常用的输入信号有开关量、数字量和模拟量等。若为开关量输入信号，应注意开关信号的频率。当频率较高时，应选用高速计数模块。若为数字量输入信号，应合理选择电压等级。按电压等级一般可分为交/直流24V、交/直流120V、交/直流230V或使用TTL及与TTL兼容的电平。若为模拟量输入信号，应首先将非标准模拟量信号转换为标准模拟量信号，如1~5V、4~20mA，然后选择合适的A/D转换模块。当需要信号长距离传送时，使用4~20mA的电流信号为佳。

2. 输入元件的接线方式

（1）开关量输入元件的接线　开关量输入元件的接线如图 4-2 所示。一般要求所有开关、按钮均为常开状态，它们的常闭触点可通过软件在程序中反映，从而使程序清晰明了。图 4-2a 所示为 PLC 输入模块中输入电路的公共端连接内部电源的情况，FX2N 系列 PLC 即属于这种类型；图 4-2b 所示为 PLC 输入模块中输入电路的公共端未连接内部电源的情况，此时，电源需外部连接，FX3U 系列 PLC 即属于这种类型。

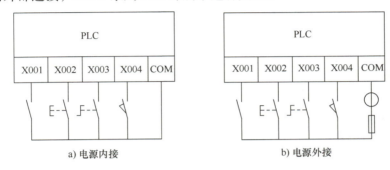

a) 电源内接　　　　　　　　　　　　　　b) 电源外接

图 4-2　开关量输入元件的接线图

由于开关量输入元件的不同，具体到 FX3U 系列 PLC，有以下几种情况：

1）无电压触点的场合。FX3U 系列 PLC 的输入电流为 5 ~ 7mA/DC 24V，因此应选择适合这种微小电流的输入设备，若选择大电流用的无电压触点（开关），可能会出现接触不良的现象。

2）内置串联二极管的场合。串联二极管的电压降应接近或低于 4V，接通时，通过的电流应达到或超过输入灵敏度电流。在使用带串联 LED 的舌簧开关的情况下，串联的舌簧开关数量应小于或等于两个，如图 4-3a 所示。

3）内置并联电阻的场合。应使用并联电阻的阻值大于 15kΩ 的产品。若并联电阻的阻值小于 15kΩ，应按照图 4-3b 所示进行接线，图中，$R_b \leqslant 4R_p/(15 - R_p)(k\Omega)$。

4）存在二线式接近开关的场合。应使用断开时漏电流小于 1.5mA 的二线式接近开关。当使用了断开时漏电流超出 1.5mA 的二线式接近开关时，应按照图 4-3c 所示接线，图中 $R_b \leqslant 6/(I - 1.5)(k\Omega)$。

以上几种情况都是以源型输入举例说明，若采用漏型输入，请参考相关的使用手册。

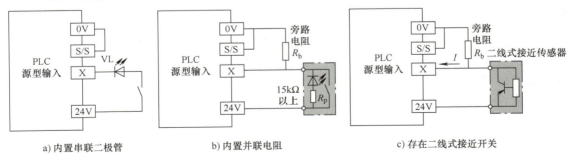

a) 内置串联二极管　　　　　　b) 内置并联电阻　　　　　　c) 存在二线式接近开关

图 4-3　源型输入时不同输入设备的处理

（2）模拟量输入元件的接线　以 4 通道模拟量输入模块 FX2N – 4AD 为例，模拟量输入元件的接线如图 4-4 所示。

3. 防止输入开关量信号抖动的方法

输入开关量信号的抖动有可能造成内部控制程序的误动作。为防止输入开关量信号抖动，可采用外部 RC 电路进行滤波，也可在控制程序中编制一个防止抖动的单元程序，以滤除抖动造成的影响。其单元程序图见第三章第三节，延时时间可视开关量信号抖动的情况而定。

4. 减少 PLC 输入点的方法

减少系统所需的 PLC 输入点是降低硬件成本的常用措施，具体的方法有以下几种。

1）某些具有相同性能和功能的输入触点可串联或并联后再输入 PLC，这样，它们只占用 PLC 的一个输入点。

2）对功能比较简单、与系统控制部分关系不大的输入信号，可将其放在 PLC 之外。如图 4-5 所示，某些负载的手动按钮就设置在 PLC 之外，直接驱动负载。这样不仅减少了 PLC 输入点的使用，而且在 PLC 发生故障时，用 PLC 外的手动按钮可直接控制负载，不至于使生产停止。又如电动机过载保护用的热继电器常闭触点提供的信号，可以从 PLC 的输入端输入，用程序对电动机实行过载保护；也可以在 PLC 之外，将热继电器常闭触点与 PLC 的负载串联，后一种方法也节省了一个 PLC 输入点，而且更简单实用。

3）若系统具有两种不同的工作方式，且这两种工作方式不会同时出现，则采用一种方式工作时使用的 PLC 输入点，在采用另一种方式工作时不会被使用。那么，这个 PLC 输入点就可以在另一种方式工作时使用。

4）利用软件使一个按钮具有多种功能。如图 3-30 所示的用一个按钮兼顾起动、停止两种功能的梯形图。

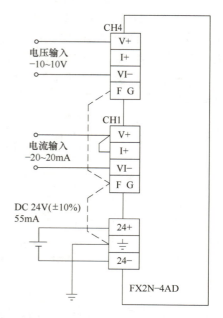

图 4-4 模拟量输入元件的接线图

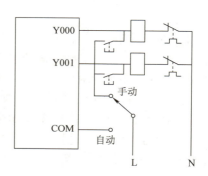

图 4-5 输入信号设置在 PLC 之外

5）用矩阵输入的方法扩展输入点。将 PLC 现有的输入点数分为两组，如图 4-6 所示，这样的 8 个端子可扩展为 16 个输入点，若是 24 个端子则可扩展为 144 个输入点。为了防止输入信号在 PLC 端子上互相干扰，每个输入信号在送入 PLC 时都用二极管隔离，避免产生寄生回路。

PLC 的输入端采用矩阵输入的方法后，其输入继电器就不得再与输入信号一一对应，必须通过梯形图附加解码电路，用 PLC 的辅助继电器代替原输入继电器，使输入信号和辅助继电器逐个对应。其梯形图如图 4-7 所示。

但应注意，在这种组合方式中，某些输入端并不能同时输入。如 SB3 和 SB16 同时闭合时，其本意是希望辅助继电器 M3 和 M16 得电，可实际上 PLC 的输入端 X000、X006、

X003、X007 会同时出现输入信号，不但使辅助继电器 M3、M16 得电，X000 和 X007 的组合还导致 M4 得电，X003 和 X006 的组合使 M15 也被驱动，其结果将造成电路失控。但从图 4-6 中可看出，当按钮 SB1、SB2、SB3、SB4 同时闭合时，辅助继电器不会发生混乱，这是因为这四个输入端都有一条线接到 PLC 的 X000 端子上。当 SB4、SB8、SB12、SB16 或 SB5、SB6、SB7、SB8 同时闭合时也没有问题，因为它们分别有一个公共端子 X007 和 X001。因此，在安排输入端时，要考虑输入元件工作的时序，把同时输入的元件安排在这些允许同时输入的端子上。

　　此外，对于不同的 PLC 机型，采用这种组合方式时，二极管的方向也会有所不同，这需要通过分析输入电路的实际电路结构来确定。

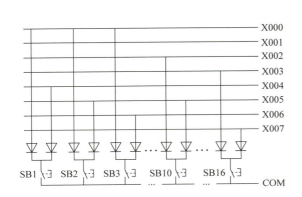

图 4-6　用矩阵输入的方法扩展输入点

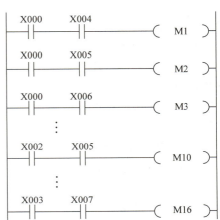

图 4-7　解码用梯形图

5. 留有余量

在设计中，对 I/O 点的安排应留有一定的余量。当现场生产过程需要修改控制方案时，可使用备用的 I/O 点；当 I/O 单元中某一点损坏时，也可使用备用点，并在程序中做相应修改。

二、PLC 输出电路的设计

1. 根据负载类型确定输出方法

对于只接受开关量信号的负载，应根据其电源类型及对输出开关量信号的频率要求，选择继电器输出、双向晶闸管输出或晶体管输出模块。继电器输出电路可驱动交流负载，也可驱动直流负载，其承受瞬间过电流、过电压的能力较强，但响应速度较慢，开通与关断延迟时间约为 10ms；双向晶闸管输出电路的开通与关断时间约为 1ms 和 10ms，它只能带交流负载；晶体管输出电路的开通与关断时间均小于 1ms，但它只能带直流负载。对于需要模拟量驱动的负载，则应选用合适的 D/A 转换模块。

2. 输出负载的接线方式

输出负载和 PLC 的输出端相连接，其接线方式如图 4-8 所示。图 4-8a 为交流负载的接法：相线 L 进公共端 COM，受 PLC 控制，从 Y001 ~ Y004 输出；负载的另一端相连，接零线 N。图 4-8b 为直流负载的接法：电源的正负极对应输出模块的极性，千万不能接错。不同电压等级的负载，应分组连接，共用一个公共点的输出端只能驱动同一电压等级的负载。

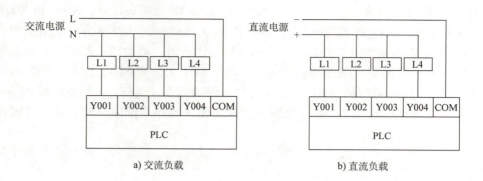

图 4-8　输出负载的接线方式

3. 选择输出电流、电压

输出模块的额定输出电流、电压必须大于输出负载所需的电流和电压。如果负载的实际电流较大，输出单元无法直接驱动，可以加中间驱动环节。在安排负载的接线时，还应考虑在同一公共端所接输出点的数量，同时输出负载的电流之和必须小于公共端允许通过的电流值。

4. 输出电路的保护

在输出电路中，为避免负载短路时 PLC 内部输出元件的损坏，应在输出负载回路中加装熔断器进行短路保护。

若输出端接有直流电感性负载，则应在电感性负载两端并联续流二极管，续流二极管的额定工作电压应为电源电压的 2～3 倍；若接有交流电感性负载，则应在其两端并联阻容吸收回路，如图 4-9 所示。实际使用中也常将所有的开关量输出都通过中间继电器驱动负载，以保证 PLC 输出模块的安全。

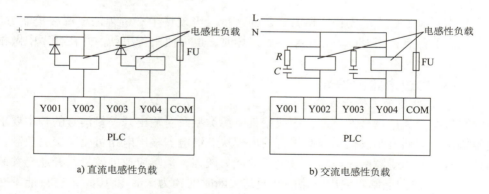

图 4-9　输出电路的保护

5. 减少输出点的方法

（1）分组输出　当两组负载不同时工作时，可通过外部转换开关或通过受 PLC 控制的继电器触点进行切换，如图 4-10 所示。当转换开关在 "1" 位置时，接触器线圈 KM11、KM12、KM13、KM14 受控；当转换开关在 "2" 位置时，接触器线圈 KM21、KM22、KM23、KM24 受控。

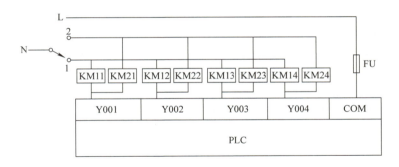

图 4-10　分组输出

（2）并联输出　当两负载处于相同的受控状态时，可将它们并联后接在同一个输出端。如某一接触器线圈和指示该接触器得电的指示灯就可采用并联输出的方法。

（3）矩阵输出　矩阵输出如图4-11所示。这种接法要注意两个问题：

1）矩阵输出中的负载和输出点不是一一对应的关系，若要求图 4-11 中接触器 KM4 得电，则需要 Y003 和 Y007 同时有输出。这种方法给软件编程增加了难度。

2）矩阵输出也存在和矩阵输入同样的问题，即要求在某一时刻同时有输出的负载必须有一条公共的输出线，否则会带来控制错误。因此，一般情况下不建议采用矩阵输出的方法。

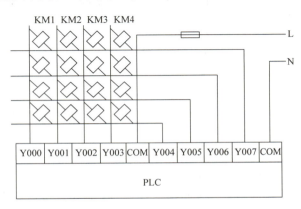

图 4-11　矩阵输出

（4）用普通继电器直接控制　某些相对独立的受控设备也可用普通继电器直接控制。

三、供电设计与接地

在实际控制中，设计一个合理的供电与接地系统，是保证控制系统正常运行的重要环节。虽然 PLC 本身允许在较为恶劣的供电环境下运行。但是，整个控制系统的供电和接地设计不合理，也是不能投入运行的。

1. 供电设计

在一般情况下，为 PLC 供电的是交流 220V、50Hz 的普通市电，因此应考虑电网频率不能有很大波动，在电网上也不应有大用电量的用户反复起、停设备，以免造成较大的电网冲击。为了提高整个系统的可靠性和抗干扰能力，为 PLC 供电的回路可采用隔离变压器、交流稳压器和 UPS 等设备。

动力部分、PLC 主机及 PLC 扩展设备等应分别配电，如图 4-12 所示。

2. 接地处理

在以 PLC 为核心的控制系统中，有多种接地方法。为了安全使用 PLC，应正确区分数字地、信号地、模拟地、交流地、直流地、屏蔽地和保护地等接地方法。在工程施工时，应妥当连接接地线。接地处理一般遵循以下几项原则。

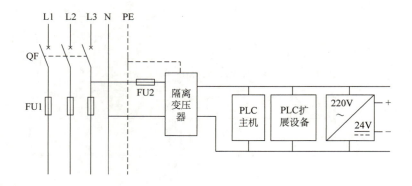

图 4-12 PLC 供电设计

1）采用专用接地或共用接地方式，如图 4-13a、b 所示，但不能使用串联接地方式，如图 4-13c 所示。

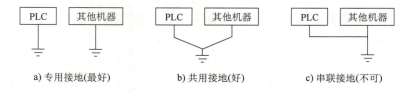

a) 专用接地(最好)   b) 共用接地(好)   c) 串联接地(不可)

图 4-13 接地方式

2）交流地和信号地不能使用同一根接地线。

3）屏蔽地和保护地应各自独立地接到接地铜排上。

4）模拟地、数字地和屏蔽地的接法应按 PLC 厂商相关操作手册的要求连接。

由于篇幅所限，供电设计和接地可参考有关资料，这里不再详细叙述。

第三节　控制程序设计

控制程序设计是 PLC 应用中的主要任务，设计方法根据使用者的经验和对 PLC 的熟悉程度而各不相同。本节以应用最多的顺序控制为例，介绍梯形图的设计，便于初学者尽快掌握程序设计方法。

一、基本电气控制

对于各种开关量控制系统，一般存在联锁控制和按变化参量控制两种基本控制原则。

所谓联锁控制，是指在生产机械的各种运动之间，往往存在着某种相互制约的关系，这种关系通常采用联锁控制来实现。联锁控制的基本方法是：用反映某一运动的联锁信号（触点）去控制另一运动相应的电路，实现两个运动的相互制约，达到联锁控制的目的。联锁控制的关键是正确地选择和使用联锁信号。

所谓按变化参量控制，是指在生产机械和生产过程的自动化中，当仅用联锁控制已不能满足要求时，往往需要根据生产工艺过程的特点以及它们的各种不同状态进行控制。变化参量就是反映运动状态的那些物理量，如行程、时间、速度、数字、压力和温度等。

1. 图形转换法

图形转换法的设计基础是继电器控制电路图，第一章中曾讲到继电器控制电路图和 PLC 控制梯形图都表示输入和输出之间的逻辑关系，因此在小设备改造时，可将原继电–接触器控制电路直接"转换"成梯形图。现以"串电阻减压起动和反接制动的 PLC 控制"为例做简单介绍。

（1）分清主电路和控制电路　串电阻减压起动和反接制动控制电路如图 4-14 所示。图中点画线框内的是控制电路，点画线框外是主电路。

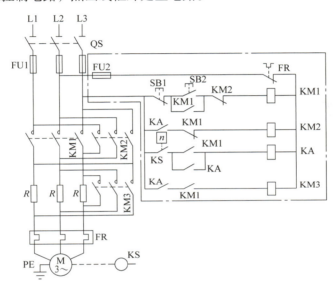

图 4-14　串电阻减压起动和反接制动控制电路图

（2）确定 I/O 元件，分配地址　考虑到热继电器的触点不接入 PLC 的输入点，中间继电器 KA 用 PLC 的辅助继电器代替，所以 PLC 的输入元件为 SB1、SB2 和 KS，输出元件为 KM1、KM2 和 KM3。地址分配见表 4-1。

表 4-1　地址分配

输入		输出		其他	
SB2	X000	KM1	Y000	KA	M20
SB1	X001	KM2	Y001		
KS	X002	KM3	Y002		

（3）主电路、PLC 的供电和 I/O 接线设计　去掉图 4-14 中点画线框中的控制电路，保留主电路；PLC 的供电和 I/O 接线如图 4-15a 所示，图中 PLC 的供电电压为交流 220V，所以通过熔断器 FU3 接到电源的 L 和 N 端；热继电器的动断触点连接在相线 L 和 PLC 的公共端 COM，起过载保护的作用；由于 KM1、KM2 不能同时得电，所以 KM1、KM2 的动断辅助触点互锁。

（4）设计梯形图　将点画线框内的控制电路（除热继电器的动断触点）按照表 4-1

"转换"成梯形图，如图 4-15b 所示，读者可自行分析经 PLC 改造后的控制电路功能是否和改造前一致。

使用该方法能基本解决简单的控制电路改造。但要注意，并不是所有改造都能百分之百成功，如按钮的动合、动断触点组，按上述方法"转换"会出现问题，因为按钮的硬件结构在从动断触点断开到动合触点闭合过程中有一个两触点同时断开的阶段，而在按照循环扫描方式工作的 PLC 梯形图中，常开触点和常闭触点是没有这个现象的。

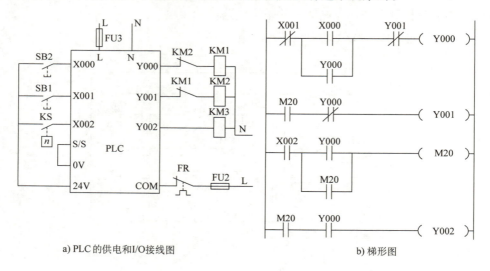

a) PLC 的供电和 I/O 接线图　　　　　　　　　　b) 梯形图

图 4-15　改造后的控制回路

2. 经验设计法

经验设计法是目前使用较为广泛的设计方法。所谓经验，即需要两个方面较为丰富的知识：一是熟悉继电器控制电路，能抓住控制电路的核心所在，能将一个较复杂的控制电路分解成若干个分电路，能熟练分析各分电路的功能和各分电路之间的联系；二是熟悉梯形图中一些典型的单元程序，如定时、计数、单稳态、双稳态、互锁、起保停和脉冲输出等，并可根据控制要求，运用已有的知识储备，设计控制梯形图。

用经验设计法设计如图 4-14 所示的串电阻减压起动和反接制动控制电路的梯形图。

（1）绘制主电路和 I/O 接线图　I/O 元件地址分配，主电路、PLC 供电和 I/O 接线设计均同图形转换法所述。

（2）分析电路原理，明确控制要求

1）起动时，按下起动按钮 SB2，KM1 线圈得电，KM1 主触点闭合，电动机串入起动电阻 R 开始起动；当电动机转速上升到某一定值（如 120r/min）时，KS 的动合触点闭合，中间继电器 KA 得电并自锁，其动合触点闭合，使得接触器 KM3 得电，KM3 主触头闭合，短接起动电阻，电动机转速继续上升，直至稳定运行。

2）制动时，按下停止按钮 SB1，接触器 KM1 失电，其动断触点闭合，因中间继电器 KA 得电并保持，所以 KM2 得电、KM3 失电，电动机处于反接制动状态，并串入电阻限制制动电流；当电动机转速快速下降到某一定值（如 100r/min）时，KS 动合触点断开，KM2 释放，电动机进入自由停车。

（3）根据控制要求编写梯形图　根据控制要求编写的梯形图如图 4-16 所示，从图中可以看出，梯形图分为三条：第一条是按下 SB2（X000），KM1（Y000）得电并自锁，进入起动状态；第二条是在 KM1 得电起动后，转速上升到设定值时，KS（X002）闭合，KM3（Y002）得电，短接起动电阻，进入运行状态；第三条是按下 SB1（X001），KM2（Y001）得电（此时在第一条中 KM1 失电，第二条中 KM3 失电），进入制动状态，当转速下降到设定值时，KS 断开，KM2 失电，电动机进入自由停车。

从以上分析可以看出，该梯形图的条理比图形转换法清晰得多，调试也更加方便。

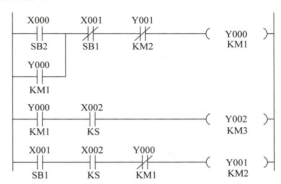

图 4-16　用经验设计法编写的梯形图

3. 逻辑函数设计法

逻辑函数设计法就是采用数字电子技术中的逻辑设计法来设计 PLC 控制程序，现以指示灯程序的设计说明其设计过程。

将三个指示灯 HL0、HL1、HL2 接在 PLC 的输出端子 Y000、Y001、Y002 上，三个按钮 SB0、SB1、SB2 分别接在输入端子 X000、X001、X002 上。要求：三个按钮中任意一个按下时，灯 HL0 亮；任意两个按钮按下时，灯 HL1 亮；三个按钮同时按下时，灯 HL2 亮；没有按钮按下时，所有灯都不亮。符合该要求的指示灯 PLC 控制程序可按照下面的步骤编写。

（1）根据控制要求建立真值表　将 PLC 的输入继电器作为真值表的逻辑变量，得电时为"1"，失电时为"0"；将输出继电器作为真值表的逻辑函数，得电时为"1"，失电时为"0"；逻辑变量（输入继电器）的组合和相应逻辑函数（输出继电器）的值见表 4-2。

表 4-2　真值表

输　　　入			输　　　出		
X000	X001	X002	Y000	Y001	Y002
0	0	0	0	0	0
0	0	1	1	0	0
0	1	0	1	0	0
0	1	1	0	1	0
1	0	0	1	0	0
1	0	1	0	1	0
1	1	0	0	1	0
1	1	1	0	0	1

（2）按真值表写出逻辑表达式并化简

$$Y000 = \overline{X000} \cdot \overline{X001} \cdot X002 + \overline{X000} \cdot X001 \cdot \overline{X002} + X000 \cdot \overline{X001} \cdot \overline{X002}$$
$$Y001 = \overline{X000} \cdot X001 \cdot X002 + X000 \cdot \overline{X001} \cdot X002 + X000 \cdot X001 \cdot \overline{X002}$$

$Y002 = X000 \cdot X001 \cdot X002$

化简逻辑表达式，但由于本例中的逻辑表达式已足够简便，故不需要化简。

（3）按逻辑表达式编写梯形图　上述逻辑表达式中等号右边的是输入触点的组合，"·"表示触点的串联，"+"表示触点的并联，"非"号表示常闭触点；等号左边的逻辑函数就是输出线圈。将$\overline{X000}$、$\overline{X001}$等用它们的常闭触点表示，符合上述逻辑表达式的梯形图如图4-17所示。

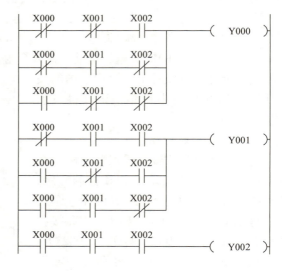

图4-17　符合逻辑表达式的梯形图

二、顺序控制

所谓顺序控制，就是在生产过程中，各执行机构按照生产工艺规定的顺序，在各输入信号的作用下，根据内部状态和时间顺序自动有次序地操作。在工业控制系统中，顺序控制的应用最为广泛，特别是在机械行业中，几乎都是利用顺序控制实现加工的自动循环。顺序控制程序设计的方法很多，其中顺序功能图（SFC）设计法是当前顺序控制设计中常用的设计方法。

1. 基础设计

（1）熟悉被控对象的工作过程　现以送料小车的工作过程为例予以说明。熟悉被控对象工作过程的目的是将工作过程分解成若干个状态。

如图4-18所示，送料小车的工作过程：开始时，送料小车处于最左端，装料开始后，装料电磁阀YC1得电，延时20s；装料结束，接触器KM3、KM5得电，送料小车向右快行；送料小车碰到限位开关SQ2后，KM5失电，送料小车慢行；碰到SQ4时，KM3失电，送料小车停止，卸料电磁阀YC2得电，卸料开始，延时15s；卸料结束后，接触器KM4、KM5得电，送料小车向左快行；碰到限位开关SQ1时，KM5失电，送料小车慢行；碰到SQ3时，KM4失电，送料小车停，装料开始……如此周而复始。整个过程分为装料、右快行、右慢行、卸料、左快行、左慢行6个状态，如图4-19所示。

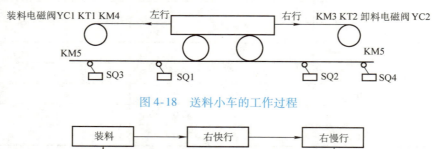

图4-18　送料小车的工作过程

图4-19　送料小车的工作过程状态

（2）确定相邻状态的转换条件　相邻状态的转换条件如图4-20所示。从图中可以看出，从装料到右快行的状态转换条件是延时继电器 KT1 延时时间到所发出的信号；从右快行到右慢行的状态转换条件是限位开关 SQ2 受压；以后各状态的转换条件依次是：SQ4 受压、KT2 延时时间到、SQ1 受压、SQ3 受压。一般说来，转换条件的信号应取自于外界开关动作、传感器输出或 PLC 内部的继电器触点动作。

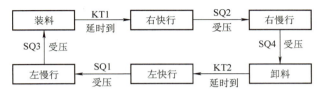

图 4-20　相邻状态的转换条件

（3）对 I/O 设备按 PLC 的 I/O 点进行分配　I/O 点的分配见表4-3。应注意，PLC 的时间继电器由软件构成，这里用内部定时器 T1、T2 分别表示装料延时继电器 KT1 和卸料延时继电器 KT2，因为它们不直接向外输出，所以不列在表4-3 中，表中还增加了一个起动按钮，用于起动送料小车的工作，至于停止和其他动作随后再做介绍。

表 4-3　I/O 点的分配表

输　入			输　出		
设备	输入点		设备		输出点
起动按钮	SB1	X000	装料电磁阀	YC1	Y001
左快行限位开关	SQ1	X001	卸料电磁阀	YC2	Y002
右快行限位开关	SQ2	X002	右行接触器	KM3	Y003
左行限位开关	SQ3	X003	左行接触器	KM4	Y004
右行限位开关	SQ4	X004	快行接触器	KM5	Y005

（4）画出状态表或状态转换图　用 PLC 中的 6 个辅助继电器（M1～M6）分别作为相应 6 个状态的状态标志，列出状态表，见表4-4，表中"输出"栏的"+"符号表示继电器线圈得电。

表 4-4　状态表

状态名称	状态标志	输　出							状态转入条件
		Y001	Y002	Y003	Y004	Y005	T1	T2	
装料	M1	+					+		X003
右快行	M2			+		+			T1
右慢行	M3			+					X002
卸料	M4		+					+	X004
左快行	M5				+	+			T2
左慢行	M6				+				X001

将状态表画成状态转换图会更为简单、直观。状态转换图的格式如图 4-21 所示。

结合状态转换图的格式，参照图 4-20 所示相邻状态的转换条件，用 PLC 内的辅助继电器 M1 ~ M6 分别作为六个状态的标志，并利用已分配的 I/O 点的地址画出该送料小车的状态转换图，如图 4-22 所示。图中的双线框 M0 表示初始状态，M0 的转入条件是 X003，当 X003 为 ON 时，与此对应的左行限位开关

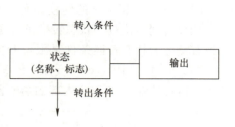

图 4-21　状态转换图的格式

SQ3 被压合，表示送料小车在最左侧，可以起动开始装料。其余部分的状态转换图可在图 4-20 的基础上仿照图 4-21 所示的格式完成。

有了状态转换图，就可以编写程序了。编写程序有三种方法：一是用基本指令；二是用步进指令；三是用 SFC。其中，步进指令（STL）的梯形图是以继电器的方式来实现的，SFC 则是基于状态变化的流程来实现的，虽然两者实现形式不同，却能用编程软件方便地转换。下面首先介绍使用步进指令和 SFC 的程序编写过程，然后介绍使用基本指令编写梯形图，以及在此基础上的综合设计。

（5）使用步进指令编写梯形图　"状态"在工业控制中又称为"步"，PLC 中的步进指令是编写顺序控制程序直接、有效的工具，结合图 4-22 所示的状态转换图，使用步进指令编写的梯形图如图 4-23 所示。图中将状态标志 M0 ~ M6 用 S0 和 S21 ~ S26 代替，以满足步进指令的编写格式。从图 4-23 中可以看出，使用步进指令编写的梯形图不受同名双线圈的影响，不需要组合输出，可以在每个状态下直接输出，非常直观，其缺点是不够灵活。

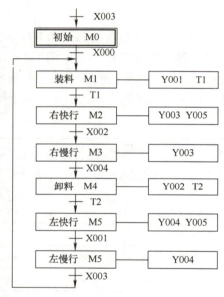

图 4-22　状态转换图

（6）使用 SFC 工具绘制状态转换图　SFC 即顺序功能图，也称为状态转换图。使用 SFC 工具能很简单地绘制状态转换图。其中，图形的绘制过程就是程序的编写过程，完整的 SFC 能方便地转换成用步进指令编写的梯形图。编写和转换的详细过程见附录 C。

（7）使用基本指令编写梯形图　结合前面介绍的状态表或状态转换图，也可以使用基本指令编写梯形图。用基本指令编写的梯形图也有一定的规律，且比较灵活，能适应各种状态的转换。

顺序控制程序应满足：当某一状态转移条件满足时，代表前一状态的辅助继电器失电，代表后一状态的辅助继电器得电并自锁，各状态依次顺序出现。对于初次应用 PLC 的读者，可以借助于图 4-24 所示的"模板"，直接采用"套公式"的方法得到用户程序。

"状态转换模板"有三个功能：①本步的激活，必须出现在上一步正在执行，且本步转入条件已经满足，而下一步尚未出现的情况下，才能实现；②本步的自锁，本步一旦激活，必须能自锁，确保本步执行，同时为下一步的激活创造条件；③本步的复位，下一步标志的

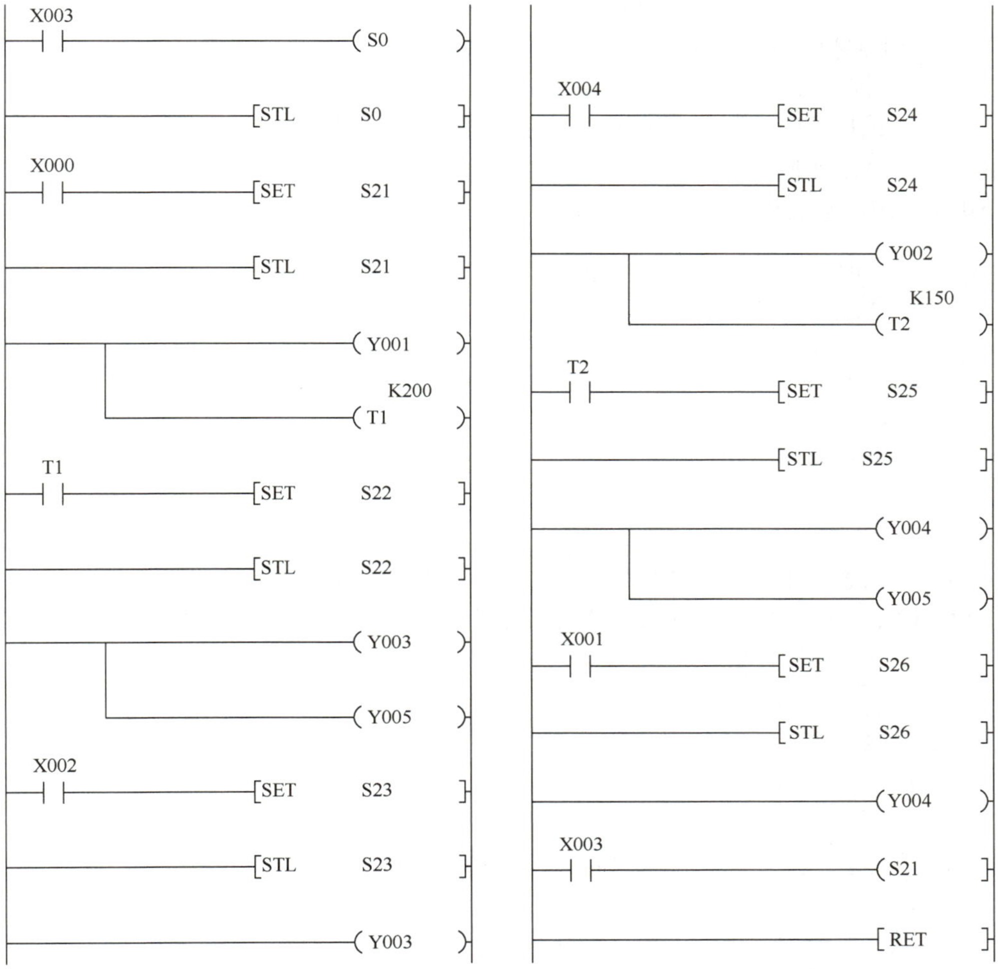

X003
S0
STL S0
X000
SET S21
STL S21
Y001
K200
T1
T1
SET S22
STL S22
Y003
Y005
X002
SET S23
STL S23
Y003
X004
SET S24
STL S24
Y002
K150
T2
T2
SET S25
STL S25
Y004
Y005
X001
SET S26
STL S26
Y004
X003
S21
RET

图 4-23　使用步进指令编写的梯形图

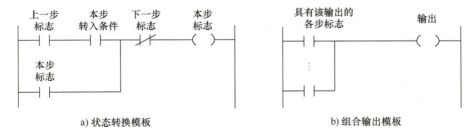

上一步标志
本步转入条件
下一步标志
本步标志
本步标志
a) 状态转换模板
具有该输出的各步标志
输出
b) 组合输出模板

图 4-24　使用基本指令的设计模板

常闭触点串联用于实现互锁，其作用是在执行下一步时复位本步。

“本步转入条件”可以是常开触点“⊣ ⊢”，可以是常闭触点“⊣/⊢”，也可以是触点的脉冲检测，如“⊣↑⊢”、“⊣↓⊢”。它们分别表示当和该触点相对应开关元件的“动合触点闭合”“动断触点断开”“动合触点闭合瞬间”和“动合触点断开瞬间”时条件成立。当然，

"本步转入条件"还可以是触点的组合，即该触点组合的结果为 ON 时条件成立。

"组合输出模板"的含义也容易理解，即具有某输出的各步标志并联，保证该输出继电器正常输出，并防止同名线圈重复输出的现象。

对于初次设计顺序控制程序的读者，可以借助于"模板"编写梯形图。以"装料"状态为例，参照状态转换图代入"状态转换模板"，编制出一条梯形图，如图 4-25a 所示；以输出 Y005 为例，参照状态表的"输出"栏代入"组合输出模板"，如图 4-25b 所示。

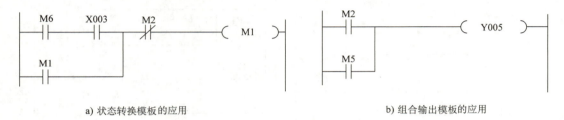

a) 状态转换模板的应用   b) 组合输出模板的应用

图 4-25　模板的运用

对每一个状态运用"状态转换模板"，对每一个输出运用"组合输出模板"，就可得到图 4-22 所示状态转换图的梯形图，如图 4-26 所示。在装料状态的这条梯形图上增加了点画

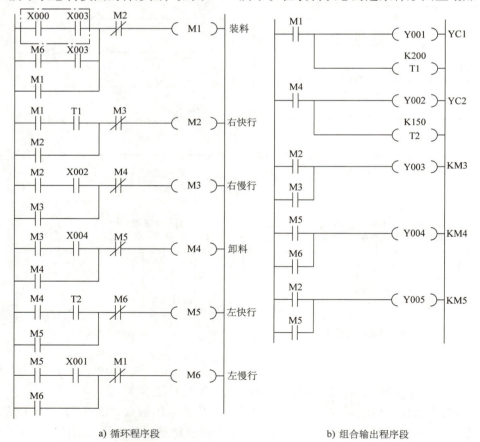

a) 循环程序段   b) 组合输出程序段

图 4-26　使用基本指令编写的梯形图

线框内的内容，用于起动，其作用是当小车在最左侧的装料点时，压合限位开关 SQ3（X003）是起动的条件，也就是说小车只有在装料位置时才能起动。

至此，一个按照状态转换图编写的梯形图已基本形成。但是该系统应怎样停止呢？是急停还是循环停止？怎样控制循环？是多循环还是单循环？多循环时怎样控制循环次数？手动和自动怎样切换？都还有待解决。

2. 综合设计

考虑到各种控制的需要，可增加输入转换开关来切换多循环状态和单循环状态，或切换手动状态和自动状态。也可增加按钮来控制起动、停止和手动操作。

现仍以前面介绍的送料小车为例加以说明，工作方式设置手动/自动和多循环/单循环两种选择，右行、左行、装料和卸料对应四个手动按钮，用于手动方式时的手动控制操作。各输入点和选择开关、按钮、限位开关的分配见表 4-5；输出各点不变，PLC 的 I/O 接线图如图 4-27 所示，系统操作面板示意图如图 4-28 所示。

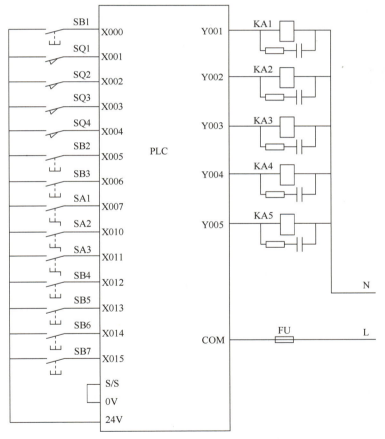

图 4-27　PLC 的 I/O 接线图

在图 4-27 左边的输入端，当转换开关 SA2 触点闭合时，系统处于自动状态，反之为手动状态；当 SA1 触点闭合时，系统处于多循环状态，反之为单循环状态；SA3 触点闭合时为不计数状态，反之为计数状态。图 4-27 右边为输出端，考虑到 PLC 输出驱动负载的能力

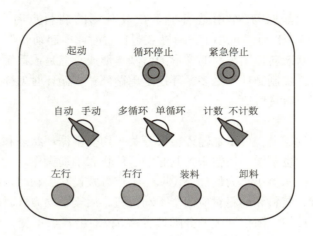

图 4-28　系统操作面板示意图

较小，因此用中间继电器过渡。中间继电器 KA1、KA2 分别驱动电磁阀 YC1、YC2，KA3 ~ KA5 分别驱动接触器 KM3 ~ KM5。

表 4-5　各输入点和选择开关、按钮、限位开关分配表

输入设备		输入点	备 注
起动按钮	SB1	X000	动合触点
左慢行限位开关	SQ1	X001	动合触点
右慢行限位开关	SQ2	X002	动合触点
左行限位开关	SQ3	X003	动合触点
右行限位开关	SQ4	X004	动合触点
紧急停止按钮	SB2	X005	动合触点
循环停止按钮	SB3	X006	动合触点
单循环/多循环转换开关	SA1	X007	多循环时触点闭合
手动/自动转换开关	SA2	X010	自动时触点闭合
计数/不计数转换开关	SA3	X011	不计数时触点闭合
左行按钮	SB4	X012	动合触点
右行按钮	SB5	X013	动合触点
装料按钮	SB6	X014	动合触点
卸料按钮	SB7	X015	动合触点

　　根据生产要求，接通 PLC 的电源后，系统进入初始状态，用选择开关选择所需的工作方式。在执行自动方式前，应选择手动方式，使卸完料的送料小车返回装料处，这时，左行限位开关 SQ3 闭合。如选择单循环工作方式，按下起动按钮 X000，小车应完成装料→右快行→右慢行→卸料→左快行→左慢行这一系列动作，然后停在装料处；如选择多循环方式，小车应反复连续地执行上述动作。若选择手动工作方式，则送料小车的动作全部受系统操作面板上手动按钮的控制。

（1）起动与急停

1）起动设计：起动设计主要考虑的是起动条件，送料小车起动的条件是小车在装料位置，即压合限位开关 SQ3（X003），否则，即使按下起动按钮 SB1（X000）依然无效，不能起动，因此要将 X003 和 X000 串联。

2）急停设计：急停设计可采用以下两种方法实现。

① 将 X005（急停按钮 SB2）常闭触点设置在循环程序段的最前面，与 MC 指令联合使用，最后面使用 MCR 指令，如图 4-29a 所示。当按下急停按钮时，循环程序段的所有辅助继电器 M1～M6 均失电，导致在组合输出程序段的各输出点都无输出，送料小车停止一切动作；当急停按钮松开后，M1～M6 保持失电状态，组合输出程序段的各输出点也无输出。当再一次起动时，需要用手动控制的方法控制送料小车左行到起点后，再重新起动。

也可考虑设计一个初始化程序，在每次运行前，先让小车完成向右快行、右慢行、卸料，然后返回装料处等一系列初始化动作，再开始新一轮循环，使操作人员更方便。

② 将 X005（急停按钮 SB2）常闭触点设置在组合输出程序段的最前面，与 MC 指令联合使用，最后面使用 MCR 指令，如图 4-29b 所示。当按下急停按钮时，循环程序段的所有辅助继电器 M1～M6 均保持，但组合输出程序段的各输出点都无输出；当急停按钮松开后，因 M1～M6 状态保持，组合输出程序段的各输出点也恢复输出，系统将继续运行。这种设计选用带锁的按钮更为实用。

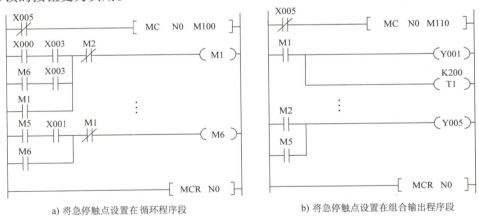

a) 将急停触点设置在循环程序段　　　　b) 将急停触点设置在组合输出程序段

图 4-29　急停设计

（2）单循环和多循环　所谓单循环就是在设备完成一个循环后，回到起点并自动停止；所谓多循环就是在设备完成一个循环后，回到起点且自动开始下一个循环。

仍以送料小车的控制为例展开讲解。在 PLC 输入端增接一个转换开关 SA1，SA1 闭合时，系统处于多循环状态；SA1 断开时，系统处于单循环状态。多循环/单循环转换控制的顺序功能图如图 4-30 所示。

图 4-30 中的 SA1 位于装料状态的驱动处，用于多循环和单循环的切换。当 SA1 闭合（X007 闭合）时，就是一般的多循环状态：在送料小车左慢行到起点后，压合限位开关 SQ3，重新进入装料状态，开始下一个循环。当 SA1 断开（X007 断开）时，为单循环状态，此时，即使常开触点 M6、X003 闭合，也不会进入快进步，只能等待下一个起动信号。

应注意，在单循环时，最后一步在动作完成后要能自动停止"左慢行"状态，这是由于单循环不能进入下一状态 M1，不能用 M1 的常闭触点使"左慢行"状态复位，因此该步一直处于活动状态。解决的方法是将 X003（起点的限位开关 SQ3）常闭触点和 M1 常闭触点串联在一起，以实现在送料小车回到起点位置时，复位"左慢行"状态。

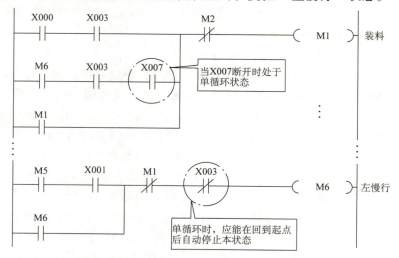

图 4-30 多循环/单循环转换控制的顺序功能图

（3）循环停止和急返 系统除紧急停止（急停）外，还有其他停止方式，如循环停止，即按下循环停止按钮后，系统并非立即停止，而是在做完一个循环后才停止；又如急返，即按下急返按钮后，系统沿原路返回，回到起始位置时停止。

1）循环停止设计：根据循环停止的要求，循环停止其实就是在送料小车的多循环运行过程中，将多循环/单循环转换开关从"多循环"切换到"单循环"处，使小车在一个循环后自动停止。当然也可以不使用多循环/单循环转换开关，而是单独设置一个循环停止按钮 SB3，将它连接到 X006，当按下 SB3 时，送料小车即处于单循环状态，如图 4-31 所示。

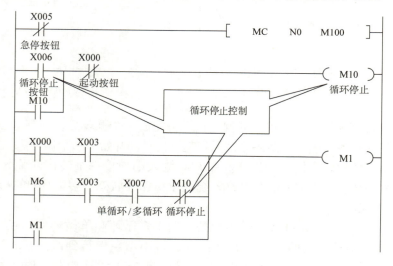

图 4-31 循环停止和急返

2）急返设计：实现急返时需增加一个急返按钮，再加写一段急返程序，因篇幅限制，这里不再介绍。

（4）不计数循环和计数循环　所谓不计数循环，就是上述多循环的例子。所谓计数循环，就是在多循环的状态下记录循环的个数，当循环个数达到设定值时自动停止。

仍以送料小车的控制为例展开讲解。在 PLC 输入端增接一个转换开关 SA3，连接到 PLC 输入端 X011，在梯形图中令其常开触点 X011 位于计数器的复位端。当 X011 闭合时，系统处于不计数循环状态；当 X011 断开时，系统处于计数循环状态。以起点限位开关 SQ3 的上升沿作为计数脉冲，每当送料小车回到起点就计数一次。但实际使用时，限位开关动合触点在闭合时振动较大，会产生多个脉冲信号，导致错误计数，这时可采用前面讲述的单稳态电路解决。不计数/计数循环的切换控制如图 4-32 所示。

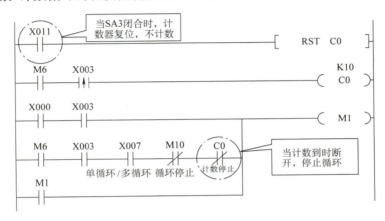

图 4-32　不计数/计数循环的切换控制

（5）自动控制和手动控制　自动控制和手动控制是控制系统中的两大控制方法。它们的关系既可以是互逆的，不是自动就是手动；也可以同时存在，但有优先关系。本节只介绍互逆关系的自动和手动控制。

增加手动/自动转换开关 SA2，接于 PLC 输入端 X010 处。当 X010 的常开触点闭合时，系统处于自动状态；当 X010 的常开触点断开时，系统处于手动状态，操作手动按钮 SB4、SB5、SB6 和 SB7，就能控制送料小车的进退和装卸料，其控制梯形图如图4-33 所示。

第一个 MC 和 MCR 之间是自动程序段，包括了前面所讲的起动、停止、计数、多循环/单循环等内容，在图 4-33 中未画出。

第二个 MC 和 MCR 之间是手动程序段，此段梯形图中送料小车的进退、装卸料和自动程序段中的一样，通过内部辅助继电器 M20（左行）、M21（右行）、M22（装料）和 M23（卸料）过渡，将其常开触点并联在相关输出继电器的驱动触点上，目的是为了防止输出同名双线圈。梯形图中串联限位开关的常闭触点 X003、X004 是为防止送料小车移动超程；串联 M20、M21 是为了防止左行和右行状态同时出现，用于互锁保护；串联常开触点 X003、X004，是使送料小车在起点才能装料，在终点才能卸料。

最后是组合输出程序段，将手动程序段中辅助继电器输出的常开触点并联到相关的驱动处，如图 4-33 中点画线框所示。

顺序控制程序的编写还有很多方法，如应用移位指令也能便捷地设计控制程序，但这不是最主要的，因为只要有了顺序功能图并多加练习，都能学会顺序控制程序的设计。难的是

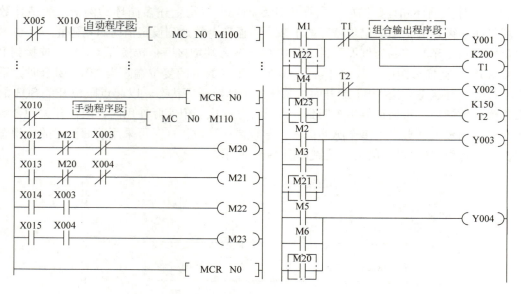

图 4-33 自动控制和手动控制梯形图

学会怎样分析一个实际对象并从中提炼、抽象出控制流程，再画出顺序功能图，希望读者多加练习。

编制程序后，即可进行调试，进入模拟运行阶段。

三、程序设计注意事项

1. 采用模块化编程方法

各模块的功能在逻辑上应尽可能单一化、明确化，做到模块和功能一一对应。模块之间的联系及互相影响应尽可能地减少，对必要的联系应进行明确的说明。

2. 程序的编写要有可读性

程序的编写风格应尽量明确、清晰，在必要处适当添加注释。规范的程序便于同行的交流，也便于日后维护。

3. 注意梯形图的特殊性

正确处理双重输出、不能编程序的电路转换等问题。

4. 关于分支程序

具有分支的顺序功能图如图 4-34 所示。图中，M2、M5 为选择条件，状态寄存器 S3 或 S5 置位时，S2 将自动复位。如果 S3 置位，则执行 S3 开始的步进程序；如果 S5 置位，则执行 S5 开始的步进程序。状态寄存器 S7 由状态 S4 和 S6 中相应的转换条件置位。当 S7 置位时，S4 和 S6 被复位。具有分支的顺序功能图可用基本指令或步进指令编写。

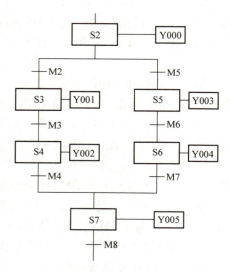

图 4-34 具有分支的顺序功能图

第四节　应用实例

本节再举一个应用实例，即用 PLC 对老设备进行改造，以提高原设备的可靠性。通过具体实例的介绍，希望读者能加深对 PLC 的了解，进一步提高应用 PLC 的能力。

HZC3Z 型轴承专用车床，主要用于轴承端面的切削。原设备采用继电-接触器控制，据设备使用厂家对同类机床设备故障调查的不完全统计，这些机床一般在使用两年后，电气故障开始增多。尤其在恶劣的生产环境下，更容易提前进入故障频繁期，机床故障停台率较高。又由于机床控制电路较复杂，给维修造成了较大困难，且维修费用较高。为此，车间部门迫切需要对此类机床的电气控制部分加以更新改造，以满足生产需要。

一、被改造设备概况

HZC3Z 型轴承专用车床的开关站面板示意图如图 4-35 所示。在该设备出厂时提供的电气原理图中，所有符号均采用老国标，为方便读者阅读，已采用新国标对原图进行重画，重画后的新图如图 4-36 所示。图 4-37 为机床各部分动作示意图。图 4-38 为其液压控制原理图。电气元器件明细表见表 4-6。HZC3Z 型轴承专用车床为老设备，所用电气元器件中有些为国家淘汰的机电产品，这里因只关注如何用 PLC 对其控制电路进行改造，所以继续沿用原有电气元器件。

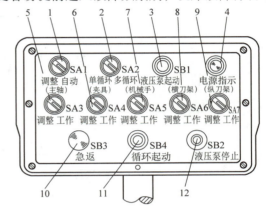

图 4-35　HZC3Z 型轴承专用车床的开关站面板示意图

1—单项调整或自动循环开关　2——次循环或连续循环开关
3—液压泵电动机起动和指示灯按钮　4—电源指示灯
5—主轴调整或工作开关　6—夹具调整或工作开关
7—机械手调整或工作开关　8—横刀架调整或工作开关
9—纵刀架调整或工作开关　10—机床各部急返按钮
11—机床循环起动按钮　12—液压泵停止按钮

根据图 4-35 ~ 图 4-38，电气传动工作原理如下：

1. 初始状态

1）机械手在原始位置，爪部夹持待加工件，限位开关 SQ4、SQ5 均处于压合状态，电磁铁 YC5 失电。

2）纵刀架、横刀架均在初始位，限位开关 SQ1、SQ2 释放，SQ3、SQ6 受压，电磁铁 YC3、YC4 失电。

3）夹具处于张开状态，YC1、YC2 失电。

4）开关位置：SA1 指向"自动"位置，SA2 指向"多循环"位置，SA3 ~ SA7 均指向"工作"位置。

2. 循环操作原理

按下 SB4 →夹具张开→机械手装料→夹具夹紧→机械手返回初始位并持料→纵刀架进刀→横刀架进刀→横刀架返回至初始位→纵刀架返回至初始位→夹具张开（零件落下）。以此流程循环操作。

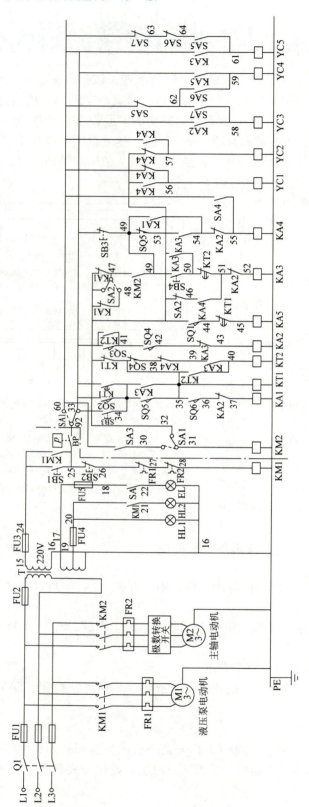

图 4-36　重画后的电气原理图

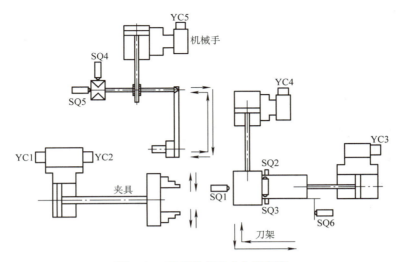

图 4-37　机床各部分动作示意图

表 4-6　电气元器件明细表

序号	代号	型号	名称	规　格	件数
1	M1	$JO2-31-6T_2$	液压泵电动机	1.5kW，950r/min	1
2	M2	$JDO2-51-8/6/4$	主轴电动机	3.5/3.5/5kW 750/1000/1500r/min	1
3	Q1	$HZ10-25/3$	转换开关	三相，25A	1
4	SA	$HZ5-40/16$　M16	极数转换开关	380V，40A	1
5	FU1	$RL1-60/35A$	螺旋式熔断器	熔体，35A	3
6	FU2、FU3、FU5	$RL1-15/5A$	螺旋式熔断器	熔体，5A	3
7	FU4	$RLX-1$	螺旋式熔断器	熔体，0.5A	1
8	T	BK500	控制变压器	380/220V、36V、6.3V	1
9	HL1	$XD1-6.3V$	信号灯	6.3V，乳白色	1
10	EL	JC6	照明灯	36V（3 节）	1
11	KM1	$CJ10-10$	交流接触器	220V，10A	1
12	KM2	$CJ10-20$	交流接触器	220V，20A	1
13	KA1～KA5	$JZ7-44$	中间继电器	220V	5
14	KT1～KT2	$JS11-11A$	时间继电器	220V，0～8s	2
15	SB1	$LA19-11D$	按钮	绿色，6.3V	1
16	SA3、SA4	$LA18-11X2$	转换开关	旋转式，黑色	2
17	SB4	$LA19-11$	按钮	绿色	1
18	SB2	$LA19-11$	按钮	红色	1
19	SB3	$LA19-11J$	急返按钮	红色	1
20	SA1、SA2、SA5～SA7	$LA18-22X2$	转换开关	旋转式，黑色	5
21	FR1	$JR10-10$	热继电器	11#整定电流5A	1
22	FR2	$JR15-20/2$	热继电器	12#整定电流14A	1
23	BP	$DP-25B$	压力继电器		1
24	YC1～YC5		交流电磁铁	带阀	5
25	SQ1～SQ3、SQ6	$LX5-11$	限位开关	220V	4
26	SQ4、SQ5	$X2-N$			2
27	JXB	$JX2-1003+2507$	接线板		
28	JXB	$JX5-1011$	接线板		

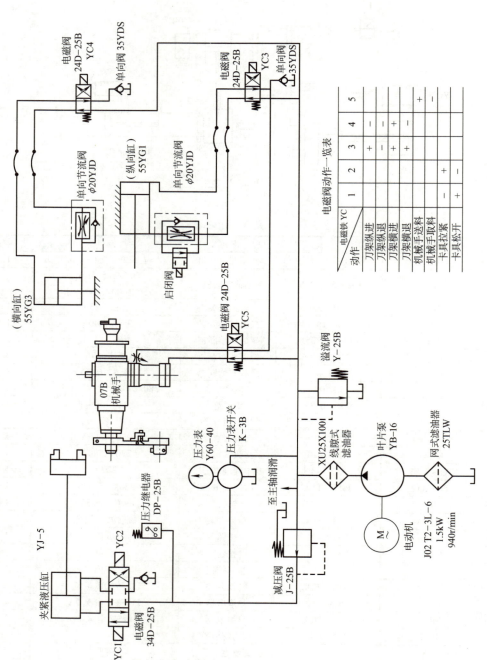

电磁阀动作一览表

电磁铁 YC 动作	1	2	3	4	5
刀架纵进			+	−	
刀架纵退			−	−	
刀架横进			+	+	
刀架横退			+	−	
机械手送料					+
机械手取料	−	+			
卡具拉紧	−	−			
卡具松开	−	+			

图4-38 液压控制原理图

3．调整功能

1）机床各部分需要检查动作或做调整时，首先应将 SA1 转向"调整"位置，然后根据主轴、夹具、机械手和刀架的要求进行单独调整或配合调整。调整后，应使各开关返回初始状态。

2）在试切削时，可将 SA2 转至"单循环"处，试切削完毕，应将 SA2 转向"多循环"处，进行正常工作。

3）SB3 为"急返"按钮，按下后，刀架沿原路返回初始位置，机械手返回初始位且持料，正在加工的零件继续夹紧，主轴停止转动。

4．循环起动

机床处于初始状态时，按下 SB1（液压泵起动），当油压到达一定压力时，压力继电器动作，其常开触点 BP 闭合。按下 SB4，进入循环操作。

5．机床的电气保护

1）FU1 为主电路的短路保护。

2）FR1、FR2 为液压泵电动机、主轴电动机的过载保护。

3）FU2、FU3 为控制电路的短路保护，FU4、FU5 为照明和信号灯电路的短路保护。

二、设备改造过程

1．熟悉设备

首先读通电气原理图、液压原理图，明确各按钮、开关、电磁阀和限位开关等的功能。然后到现场观察机床的动作，对循环过程中有几个状态、各电磁阀对应的输出情况以及各状态的转换条件做到心中有数。对特殊要求，如"急返""手动"等功能，要一一试验是否符合操作要求。同时，征求技术人员、操作工人对机床改造的意见，明确是否有新的动作要求，以便在编程时一并考虑。

2．选用 PLC，分配 I/O 地址

由于该设备要求输出/输入均为开关量，根据其 I/O 点数选用 FX2N - 32MR 可编程序控制器。对 I/O 点的分配见表4-7。

表4-7　I/O 点的分配表

输　　入			输　　出		
电气元器件名称	代号	输入点	电气元器件名称	代号	输出点
自动/调整控制开关	SA1	X010	夹紧液压缸推动电磁铁	YC1	Y000
一次/多次循环控制开关	SA2	X011	夹紧液压缸拉动电磁铁	YC2	Y001
主轴调整转换开关	SA3	X012	刀架纵向动作电磁铁	YC3	Y002
夹具调整转换开关	SA4	X013	刀架横向动作电磁铁	YC4	Y003
机械手调整转换开关	SA5	X014	机械手电磁铁	YC5	Y004
横刀架调整转换开关	SA6	X015	主轴交流接触器	KM2	Y005
纵刀架调整转换开关	SA7	X016			
循环起动按钮	SB4	X017			
急返停止按钮	SB3	X000			
刀架纵进	SQ1	X001			
刀架横进	SQ2	X002			
刀架横退	SQ3	X003			
机械手返回	SQ4	X004			
机械手左移	SQ5	X005			
刀架纵退	SQ6	X006			

3. PLC 外围电路设计

改造后的接线可将图 4-36 中点画线右侧的部分全部拆去，然后接上 PLC 主机，用压力继电器的触点作为 PLC 的电源开关。输入开关均为常开，输出应在其公共端串联 5~10A 的熔断器作为短路保护，并在交流电感性负载上并联 RC 浪涌吸收电路（0.47μF + 100Ω），以抑制噪声的发生。PLC 的 I/O 接线图如图 4-39 所示。

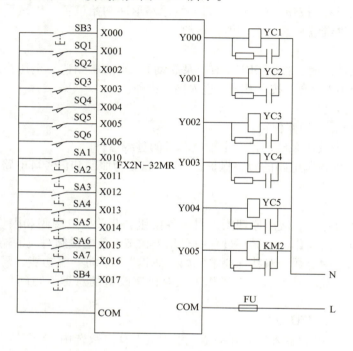

图 4-39　PLC 的 I/O 接线图

4. 编写控制程序

根据控制要求所编程序应符合图 4-40 所示的流程图。按循环要求可设计机床动作状态

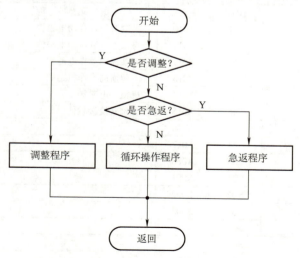

图 4-40　根据控制要求建立的流程图

表（见表4-8）。程序结构框图如图4-41所示，图中前三段梯形图表示了调整、急返和循环间的逻辑关系，其中循环程序段的状态转换图如图4-42所示。详细梯形图不再赘述。

表4-8　机床动作状态表

机床动作		输出									状态转出条件
		YC1	YC2	YC3	YC4	YC5	KM2	定时器1	定时器2	定时器3	
		Y000	Y001	Y002	Y003	Y004	Y005	T1	T2	T3	
初始	M1										X017
机械手送料	M2	+				+	+				X005
夹具夹紧	M3		+			+	+	+			T1
机械手返回	M4						+				X005·X004
刀架纵进	M5			+			+				X001
刀架横进	M6			+	+		+				X002
延时	M7			+	+		+		+		T2
刀架横退	M8			+			+				X003
刀架纵退	M9						+				X006
夹具张开	M10	+					+			+	T3

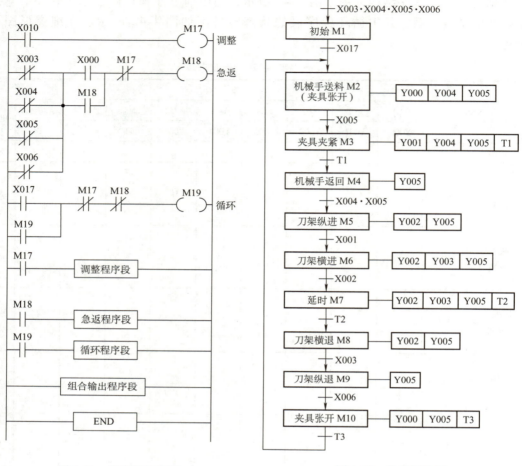

图 4-41　程序结构框图　　　　图 4-42　状态转换图

第五节　PLC 控制系统的安装、调试及维护

一、PLC 控制系统的安装

PLC 是专门为工业生产环境而设计的控制设备，具有很强的抗干扰能力，可直接用于工业环境。但也必须按照相关操作手册的说明，在规定的技术指标下进行安装、使用。PLC 控制系统的安装一般应注意以下几个问题。

1. PLC 控制系统对布线的要求

电源是干扰进入 PLC 的主要途径。除在电源和接地设计中讲到的注意事项外，在具体安装施工时还要做到以下几点。

1）对于 PLC 主机电源的配线，为防止受其他电器起动冲击电流的影响使电压下降，应与动力线分开配线，并保持一定距离。为防止来自电源的干扰，电源线应使用双绞线。

2）为防止由于干扰产生的误动作，接地端子必须可靠接地。接地线必须使用截面积为 $2mm^2$ 以上的导线。

3）输出/输入线应与动力线及其他控制线分开走线，尽量不要在同一线槽内布线。

4）对于传递模拟量的信号线应使用屏蔽线，屏蔽线的屏蔽层应一端接地。

5）因 PLC 基本单元和扩展单元间传输的信号小、频率高、易受干扰，它们之间的连接要采用厂家提供的专用连接线。

6）所有电源线、输入/输出配线必须使用压接端子或单线，多股线直接接在端子上容易引起打火。

7）系统的动力线应足够粗，以防止大容量设备起动时引起的线路电压降。

2. 输出/输入对工作环境的要求

良好的工作环境是保证 PLC 控制系统正常工作、提高 PLC 使用寿命的重要因素。PLC 对工作环境的要求，一般有以下几点。

1）避免阳光直射，周围温度应为 0~55℃。因此安装时，不要把 PLC 安装在高温场所，应努力避开高温发热元件；保证 PLC 周围有一定的散热空间；并按相关操作手册的要求固定安装。

2）避免相对温度急剧变化而凝结露水，相对湿度应控制在 10%~90%，以保证 PLC 的绝缘性能。

3）避免腐蚀性气体、可燃性气体和盐分含量高的气体的侵蚀，以保证 PLC 内部电路和触点的可靠性。

4）避免灰尘、金属粉末、水、油和药品粉末的污染。

5）避免强烈振动和冲击。

6）远离强干扰源，在有静电干扰、电场强度很强、有放射性的地方等，应充分考虑屏蔽措施。

二、PLC 控制系统的调试及试运行的操作

1. 调试前的操作

1）通电前，应认真检查电源线、接地线、输出/输入线是否正确连接，各接线端子螺钉是否拧紧。因为接线不正确或接触不良往往是造成设备重大损失的原因。

2）在断电情况下，将编程器或带有编程软件的 PC 等编程外围设备通过通信电缆和 PLC 的通信接口连接。

3）接通 PLC 电源，确认电源指示灯点亮，并用外围设备将 PLC 的模式设定为"编程"状态。

4）用外围设备写入程序，利用外围设备的程序检查功能检查控制梯形图的逻辑错误和文法错误。

在以上过程中，可观察 PLC 指示灯的情况。根据指示灯的状态判断故障所在。各指示灯说明如下。

1）"POWER" LED 指示灯。正常情况下，在接通 PLC 电源后，该 LED 指示灯点亮。若不亮，可卸下 PLC 的"+24V"端子再试，若 LED 指示灯恢复正常，则可判断是由于传感器电源负载短路或过大负载电流使电源电路的保护功能起作用。此时，应更换传感器或使用外接 DC 24V 电源。其次，应检查熔丝是否熔断，一般情况下按操作手册配用的熔丝不应熔断，仅更换熔丝是不能彻底解决问题的，应与维护中心联系。

2）"RUN" LED 指示灯。PLC 在运行时该指示灯亮。若不亮，则表示 PLC 不在运行状态（如正处于编程状态）。

3）"BATT" LED 指示灯。若电池电压下降，该 LED 指示灯点亮，应及时按操作手册要求更换电池。

4）"ERROR" LED 指示灯。它会在程序出错时闪烁，在 CPU 出错时常亮。如未设置定时器或计数器的常数、梯形图不正确、电池电压异常下降、程序存储器的内容不正常变化时，该 LED 指示灯闪烁。如出现 CPU 失控、特殊单元设置错误、监视定时器出错、运算周期超过 200ms 等情况时，此 LED 指示灯常亮。

5）输出/输入 LED 指示灯。在 PLC 未进入运行状态时，所有的输出 LED 指示灯都应不亮。输入 LED 指示灯可通过相应输入元件的通断情况，判断输入端的正常与否。

2. 调试及运行

在完成上述工作后，可进入调试及试运行阶段。按前面所述，调试分为模拟调试和联机调试。调试过程可按图 4-43 所示步骤进行。

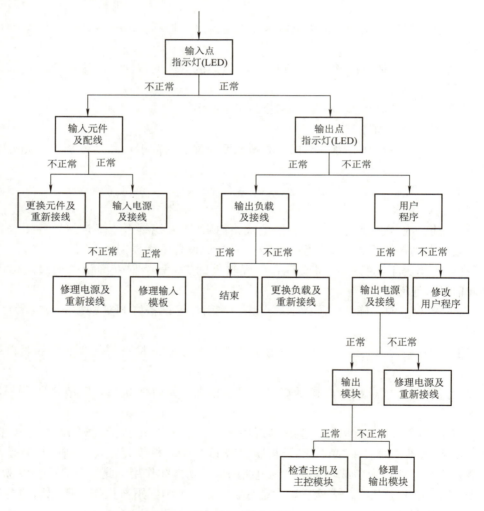

图 4-43　调试步骤

在运行中如有故障发生，可按图 4-44 所示流程操作，迅速排除故障。

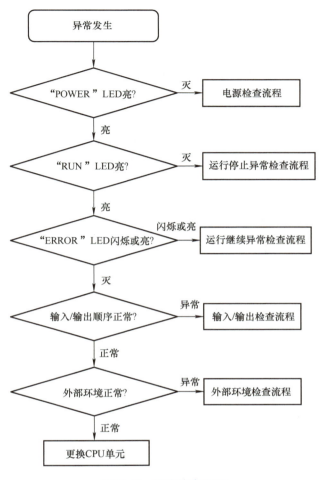

图 4-44 排除故障流程

三、PLC 控制系统的维护

PLC 内部没有导致其寿命缩短的易耗元件，因此可靠性很高。但也应做好定期的常规维护、检修工作。一般情况下以每六个月到一年一次为宜，当外部环境较差时，可视具体情况缩短检修周期。

PLC 日常维护检修的项目有以下几项。

（1）供给电源 在电源端子上检测电压是否在规定范围之内。

（2）周围环境 周围温度、相对湿度、粉尘情况等是否符合要求。

（3）输入/输出电源 在输入/输出端子上测量电压是否在基准范围内。

（4）安装状态 各单元是否安装牢固，外部配线螺钉是否松动，连接电缆是否存在断裂老化。

（5）输出继电器 输出触点接触是否良好。

（6）锂离子电池 PLC 内部的锂离子电池寿命一般为三年，应经常注意"BATT. V"指示灯的状态。

各检查流程可参见相关的操作手册。

习　题

1. 简述 PLC 系统硬件设计和软件设计的原则和内容。

2. 控制系统中 PLC 所需的 I/O 点数应如何估算？怎样节省所需的 I/O 点数？

3. PLC 选型的主要依据是什么？

4. 布置 PLC 系统的电源和接地线时，应注意哪些问题？

5. 如果 PLC 的输出端接有电感性元件，应采取什么措施来保证 PLC 的可靠运行？

6. 设计控制三台电动机 M1、M2、M3 的顺序起动和停止的程序，控制要求：发出起动信号 1s 后，M1 起动，M1 运行 4s 后，M2 起动，M2 运行 2s 后，M3 起动。发出停止信号 1s 后，M3 停止，M3 停止 2s 后，M2 停止，M2 停止 4s 后，M1 停止。

7. 某磨床的冷却液滤清输送系统由三台电动机 M1、M2、M3 驱动。在控制上应满足下列要求：

1）M1、M2 同时起动。

2）M1、M2 起动后，M3 才能起动。

3）停止后，M3 先停止，隔 2s 后，M1 和 M2 才同时停止。

试根据上述要求设计一个 PLC 控制系统。

8. 利用 PLC 实现下列控制要求，分别设计出梯形图。

1）电动机 M1 起动后，M2 才能起动，M2 可单独停机。

2）电动机 M1 起动后，M2 才能起动，且 M2 能实现点动。

3）电动机 M1 起动后，经过一定延时，M2 自动起动。

4）电动机 M1 起动后，经过一定延时，M2 自动起动，同时 M1 停机。

5）电动机 M1 起动后，经过一定延时，M2 才能起动，M2 起动后，经过一定延时，M1 自动停机。

9. 有一个运输系统由四条输送带顺序相连而成，分别用电动机 M1、M2、M3、M4 拖动。具体要求如下：

1）按下起动按钮后，M4 先起动，经过 10s，M3 起动，再过 10s，M2 起动，再过 10s，M1 起动。

2）按下停止按钮，电动机的停止顺序与起动顺序刚好相反，间隔时间仍然为 10s。

3）当某输送带电动机过载时，该输送带及前面输送带的电动机立即停止，而后面输送带的电动机待运完料后才停止。例如，若 M2 过载，M1、M2 立即停止，经过 10s，M4 停止，再经过 10s，M3 停止。

试设计出满足以上要求的梯形图程序。

10. 某液压动力滑台在初始状态时停在最左边，限位开关 X000 接通。按下起动按钮 X005，动力滑台的进给运动如图 4-45 所示。动力滑台工作一个循环后，返回初始位置。控制各电磁阀的 Y001～Y004 在各工步的状态如图 4-45 所示。画出状态转移图，并用基本指令、步进指令分别写出梯形图。

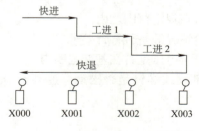

	Y001	Y002	Y003	Y004
快进		+	+	
工进 1	+	+		
工进 2		+		
快退			+	+

图 4-45　习题 10 图

11. 试编制实现下述控制功能的梯形图——用一个按钮控制组合吊灯的三档亮度：X0 闭合一次，灯泡

1 点亮；闭合两次，又有灯泡 2 点亮；闭合三次，又有灯泡 3 点亮；再闭合一次，三个灯泡全部熄灭。

12. 设计一个十字路口交通信号灯的控制系统，具体要求：①白天南北红灯亮、东西绿灯亮→南北红灯亮，东西黄灯亮→南北绿灯亮，东西红灯亮……交替循环工作；②晚上四面黄灯闪亮；③紧急情况时，四面红灯亮。各工作方式可用开关切换。

13. PLC 的主要维护项目有哪些？如何更换 PLC 的备份电池？

14. 如何测试 PLC 的输入端子和输出端子？

　　PLC 及其网络被认为是现代工业自动化三大支柱（PLC、机械人、CAD/CAM）技术之首。PLC 网络经过多年的发展，不仅成为工业自动化领域的主流控制网络，而且也成为制造业智能制造的关键技术之一。

　　近年来，PLC 网络技术的应用越来越普及，与其他工业控制局域网相比，具有高性价比、高可靠性等主要特点，深受用户欢迎。本章主要介绍 PLC 网络通信的基础知识，并简单介绍典型 PLC 网络。

第一节　PLC 网络通信的基础知识

本节简要介绍 PLC 网络通信的基础知识。

一、通信系统的基本结构

　　数据通信通常是指数字设备之间相互交换数据信息。数据通信系统的基本结构如图 5-1 所示。

图 5-1　数据通信系统的基本结构

　　该系统包括四类部件：数字设备、通信控制器、调制解调器和通信线路。数字设备为信源或信宿。通信控制器负责数据传输控制，主要功能有链路控制及同步、差错控制等。调制解调器是一种信号变换设备，可完成数据与电信号之间的变换，以匹配通信线路的信道特性。通信线路又称为信道，包括通信介质和有关的通信设备，是数据传输的通道。

二、通信方式

　　1. 并行通信与串行通信

　　并行通信是以字节（Byte）或字为单位的数据传输方式，除了 8 根或 16 根数据线及 1

根公共线外，还需要供通信双方联络用的控制线。并行通信的传输速度快，但是传输线的根数多、成本高，一般用于近距离的数据传输，如打印机与计算机、PC 的各种内部总线、PLC 的各种内部总线、PLC 与插在其母板上的模块之间的数据传送都采用并行通信。

串行通信是以二进制的位（bit）为单位的数据传输方式，串行通信每次只传输一位，除了公共线外，在一个数据传输方向上只需要一根信号线，这根线既作为数据线，又作为通信联络控制线，数据信号和联络信号在这根线上按位进行传输。串行通信需要的信号线少，其中最少的只需要两根线，适用于通信距离较远的场合，工业控制网络一般使用串行通信。

2. 异步通信与同步通信

串行通信可分为异步通信和同步通信。

异步通信发送的字符由一个起始位、7 ~ 8 个数据位、1 个奇偶校验位（可以没有）和停止位（1 位、1 位半或两位）组成。在通信开始之前，通信的双方需要对所采用的信息格式和数据的传输速率做相同的约定。接收方检测到停止位和起始位之间的下降沿后，将它作为接收的起始点。由于一次发送的字符中包含的位数不多，即使发送方和接收方的收发频率略有不同，也不会因两台机器之间时钟周期的积累误差而导致收发错位。异步通信传输附加的非有效信息较多，因此它的传输效率较低，但 PLC 网络一般使用异步通信。

同步通信以字节为单位，每次传送 1 ~ 2 个同步字符、若干个数据字节和校验字符。同步字符起联络作用，用它来通知接收方开始接收数据。为了保证发送方和接收方的同步，发送方和接收方应使用同一时钟脉冲。在近距离通信时，可以在传输线中设置一根时钟信号线；在远距离通信时，可以通过调制解调的方式在数据流中提取出同步信号，使接收方得到与发送方完全相同的接收时钟信号。同步通信方式只需要在数据块（往往很长）之前加一两个同步字符即可，所以传输效率高，但这种方式对硬件的要求较高，一般用于高速通信。

3. 单工通信方式与双工通信方式

单工通信方式只能沿单一方向发送或接收数据。如计算机与打印机、键盘之间的数据传输均属于单工通信。单工通信只需要一个信道，因此系统简单，成本低，但由于这种结构不能实现双方互相交流信息，故在 PLC 网络中极少使用。

双工通信方式中的信息可沿两个方向传送，每一个站既可以发送数据，也可以接收数据。双工通信方式又分为全双工和半双工两种。

在全双工通信方式中，数据的发送和接收分别由两路或两组不同的数据线传送，通信的双方都能在同一时刻接收和发送信息，如图 5-2 所示。全双工通信方式效率高，但控制相对复杂，成本较高。PLC 网络中常用的 RS – 422A 即为全双工通信方式。

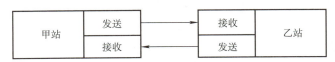

图 5-2　全双工通信方式

半双工通信方式用同一组线接收和发送数据。通信的双方在同一时刻只能发送数据或接收数据，如图 5-3 所示。半双工通信方式具有控制简单、可靠、通信成本低等优点，在 PLC 网络中应用较多。

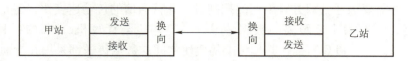

图5-3　半双工通信方式

三、通信介质

目前普遍使用的通信介质有双绞线、多股屏蔽电缆、同轴电缆和光纤电缆。

双绞线是将两根导线扭绞在一起形成的，可以减少外部电磁干扰，如果用金属织网加以屏蔽，则抗干扰能力更强。双绞线成本低、安装简单，RS－485通信大多采用此电缆。

多股屏蔽电缆是将多股导线捆在一起，再加上屏蔽层形成的，RS－232C、RS－422A通信采用此电缆。

同轴电缆共有四层：最内层为中心导体，中心导体的外层为绝缘层，包着中心导体，再外层为屏蔽层，继续向外一层为表面的保护皮。同轴电缆可用于基带（50Ω 电缆）传输，也可用于宽带（75Ω 电缆）传输。与双绞线相比，同轴电缆传输的速率高、距离远，但成本相对高。

光纤电缆有全塑光纤电缆（APF）、塑料护套光纤电缆（PCF）和硬塑料护套光纤电缆（H－PCF）。传送距离以H－PCF为最远，PCF次之，APF最短。光纤电缆与其他电缆相比，价格较高、维修复杂，但抗干扰能力很强，传送距离远。

四、介质访问控制

介质访问控制是指对网络通道占有权的管理和控制。局域网的介质访问控制有三种方式，即载波侦听多路访问/冲突检测（CSMA/CD）、令牌环（Token Ring）和令牌总线（Token Bus）。

CSMA/CD又称随机访问技术或争用技术，主要用于总线形网络。当一个站点要发送信息时，首先会侦听总线是否空闲，若空闲则立即发送，并在发送过程中继续侦听是否有冲突，若出现冲突，则发送人为干扰信号，放弃发送，延迟一定时间后，再重复发送。该方式在轻负载时优点比较突出，效率较高，但在重负载时冲突增加，发送效率显著降低，故在PLC网络中用得较少，目前仅在以太网中使用。

令牌环适用于环形网络。所谓令牌，其实是一个控制标志。网中只设一张令牌，令牌依次沿每个节点循环传送，每个节点都有平等获得令牌发送数据的机会。只有得到令牌的节点才有权发送数据。令牌有"空"和"忙"两个状态。当"空"的令牌传送至正待发送数据的节点时，该节点抓住令牌，再加上传送的数据，并置令牌为"忙"，形成一个数据包，传往下游节点。下游节点遇到令牌置"忙"的数据包，只能检查是否是传给自己的数据，如是则接收，并使这个令牌置"忙"的数据包继续下传。当返回到发送源节点时，由源节点再把数据包撤消，并置令牌为"空"，继续循环传送。令牌传递的维护算法较简单，可实现对多站点、大数据吞吐量的管理。

令牌总线方式适用于总线形网络。人为地给总线上的各节点规定一个顺序，各节点号从小到大排列，形成一个逻辑环，逻辑环中的控制方式类同于令牌环。

五、数据传输形式

通信网络中的数据传输形式基本上可分为两种：基带传输和频带传输。

基带传输是利用通信介质的整个带宽进行信号传输，即按照数字波形的原样在信道上传输，它要求信道具有较宽的通频带。基带传输不需要调制和解调，设备花费少，可靠性高，但通道利用率低，长距离传输衰减大，适用于较小范围的数据传输。

频带传输是一种采用调制、解调技术的传输形式。在发送端，采用调制手段，对数字信号进行某种变换，将代表数据的二进制"1"和"0"变换成具有一定频带范围的模拟信号，以适应模拟信道上的传输。在接收端，通过解调手段进行相反变换，把模拟的调制信号复原为"1"或"0"。频带传输把通信信道以不同的载频划分成若干通道，在同一通信介质上同时传输多路信号。具有调制、解调功能的装置称为调制解调器，即 Modem。

由于 PLC 网络使用范围有限，故现在的 PLC 网络大多采用基带传输。

六、校验

在数据传输过程中，由于干扰而引起误码是难免的，所以通信中的误码控制能力就成为衡量一个通信系统质量的重要内容。在数据传输过程中，发现错误的过程称为检错。发现错误之后，消除错误的过程称为纠错。在基本通信控制规程中一般采用奇偶校验或方阵码检错，以反馈重发方式纠错。在高级通信控制规程中一般采用循环冗余码（CRC）检错，以自动纠错方式纠错。CRC 校验具有很强的检错能力，并可以用集成电路芯片实现，是目前计算机通信中使用最普遍的校验码之一，PLC 网络中广泛使用 CRC 校验码。

七、数据通信的主要技术指标

1. 波特率

波特率是指单位时间内传输的信息量。信息量的单位可以是比特（bit），也可以是字节；时间单位可以是秒、分甚至小时等。

2. 误码率

误码率 $P_e = N_e/N$。N 为传输的码元（一位二进制符号）数，N_e 为错误的码元数。在数字网络通信系统中，一般要求 P_e 为 $10^{-9} \sim 10^{-5}$，甚至更小。

八、通信接口

1. RS－232－C 通信接口

RS－232 是常用的串行通信接口标准之一，RS－232－C 接口表示 RS－232 的 C 版本。RS－232 为全双工数据通信模式，采用的接口是 9 针或 25 针的 D 型插头，9 针 D 型插头即 DB－9，如图 5-4 所示，25 针 D 型插头中常用的只有 9 针。在 TXD 和 RXD 传输线上，逻辑 1 为 －15 ～ －3V；逻辑 0 为 3 ～15V。在 RTS、CTS、DSR、DTR 和 DCD 等控制线上，信号有效（接通，ON 状态，正电压）为 3 ～15V；信号无效（断开，OFF 状态，负电压）为 －15 ～ －3V。RS－232 的抗干扰能力较差，传输距离有限，最大传输距离标准值为 15m，最大传输速率为 20kbps，且只能点对点通信，不支持多点通信。

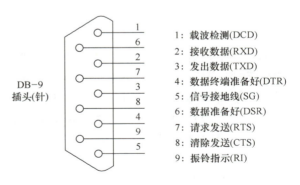

DB－9
插头(针)

1：载波检测(DCD)
2：接收数据(RXD)
3：发出数据(TXD)
4：数据终端准备好(DTR)
5：信号接地线(SG)
6：数据准备好(DSR)
7：请求发送(RTS)
8：清除发送(CTS)
9：振铃指示(RI)

图 5-4 9 针 D 型插头

2. RS－485 通信接口

RS－485 是常用的串行通信接口标准之一，它是为了弥补 RS－232 通信距离短、速率低等缺点而产生的。RS – 485 采用半双工通信方式,逻辑 1 为 2 ~6V;逻辑 0 为 – 6 ~ – 2V。RS – 485 有两线制和四线制两种接线,四线制接线只能实现点对点的通信方式,因此较少采用;两线制接线可实现多点双向通信,因而多采用这种接线方式。使用两线制接线时,只要简单地用一对双绞线将各个接口的"A""B"端连接起来即可,RS – 485 接口在应用时可采用两线直连、DB – 9 插头或 RJ 45 插接器。RS – 485 的抗干扰能力较强,最大传输距离标准值为 1200m,最大传输速率为 10Mbps,具有多点通信能力。

3. RS – 422 通信接口

RS – 422 是常用的串行通信接口标准之一,它采用全双工通信模式、四线制接线和差分传输,具有多点通信能力。RS – 422 在硬件构成上相当于两组 RS – 485,即两个半双工的 RS – 485 构成一个全双工的 RS – 422。RS – 485 是从 RS – 422 的基础上发展而来的,二者的电气特性一样,主要的区别在于 RS – 422 是四线制接线,其中两线发送(Y、Z)、两线接收(A、B)。由于 RS – 422 的收与发是分开的,所以能同时收与发(全双工);RS – 485 是两线制接线,发送和接收都是 A 线和 B 线,所以不能同时收和发(半双工)。

第二节　典型 PLC 网络

一、FX 系列 PLC 典型通信网络

1. N:N 通信网络

N:N 通信网络是三菱 FX 系列 PLC 之间数据交互的一种专用协议,它最多能实现 8 台 FX 系列 PLC 之间的通信。N:N 通信网络为半双工双向通信,字格式是固定的,波特率为 38400bps,最大延长距离为 500m,PLC 之间通过 RS – 485 连接,其中一台 PLC 设定为主机,其余设定为从机,N:N 通信网络架构如图 5-5 所示。

图 5-5　N:N 通信网络架构图

N:N 通信网络有三种不同的工作模式(模式 0、模式 1、模式 2),不同工作模式占用的共享软元件不同。其中,模式 0 的共享位软元件(辅助继电器)每站各有 0 点,共享字软元件(数据寄存器)每站各有 4 个字(D0 ~ D73);模式 1 的共享位软元件每站各有 32 点(M1000 ~ M1479),共享字软元件每站各有 4 点(D0 ~ D73);模式 2 的共享位软元件每站各有 64 点(M1000 ~ M1511),共享字软元件每站各有 8 点(D0 ~ D77,用于通信连接),具体见表 5-1。

以模式 1 为例,主站 PLC 可以通过 M1000 ~ M1031 和 D0 ~ D3 发送数据给其他从站 PLC 接收,主站 PLC 的 M1000 线圈导通,那么各个从站 PLC 的 M1000 常开触点就会闭合;主站 PLC 给 D0 写入数据 K3,那么各个从站 PLC 就能接收到 D0 里面的数值为 3。若 1 号从站 PLC 的 M1064 线圈导通,则主站 PLC 的 M1064 常开触点就会闭合,但其他从站 PLC 的 M1064 不会闭合,因为某一从站 PLC 只能和主站 PLC 通信。同样,若 1 号从站 PLC 向 D10 写入数据 K10,那么主站 PLC 的 D10 就能接收到 K10 的数据,但其他从站 PLC 的 D10 则不

能接收到 K10 的数据。

表5-1　N:N 通信网络通信模式

站号	模式0		模式1		模式2	
	共享位软元件（M）	共享字软元件（D）	共享位软元件（M）	共享字软元件（D）	共享位软元件（M）	共享字软元件（D）
	每站各有0点	每站各有4点	每站各有32点	每站各有4点	每站各有64点	每站各有8点
站号0		D0 ~ D3	M1000 ~ M1031	D0 ~ D3	M1000 ~ M1063	D0 ~ D7
站号1		D10 ~ D13	M1064 ~ M1095	D10 ~ D13	M1064 ~ M1127	D10 ~ D17
站号2		D20 ~ D23	M1128 ~ M1195	D20 ~ D23	M1128 ~ M1191	D20 ~ D27
站号3		D30 ~ D33	M1192 ~ M1223	D30 ~ D33	M1192 ~ M1255	D30 ~ D37
站号4		D40 ~ D43	M1256 ~ M1287	D40 ~ D43	M1256 ~ M1319	D40 ~ D47
站号5		D50 ~ D53	M1320 ~ M1351	D50 ~ D53	M1320 ~ M1383	D50 ~ D57
站号6		D60 ~ D63	M1384 ~ M1415	D60 ~ D63	M1384 ~ M1447	D60 ~ D67
站号7		D70 ~ D73	M1448 ~ M1479	D70 ~ D73	M1448 ~ M1511	D70 ~ D77

N:N 通信网络的应用要点如下。

（1）各 PLC 间的接线　各 PLC 间的接线如图 5-6 所示。

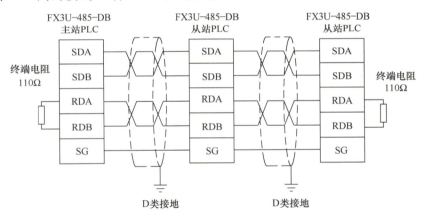

图 5-6　各 PLC 间的接线

（2）PLC 通信参数的设置　主站 PLC 设置：D8176 用于设置站号，主站 PLC 站号为 0；D8177 用于设置从站 PLC 个数，在主站 PLC 上设置；D8178 用于设置刷新范围，在主站 PLC 上设置。从站 PLC 设置：D8176 用于设置站号，从站 PLC 站号为 1 ~ 7，在对应从站 PLC 上设置。

（3）编写主站、从站 PLC 通信程序　根据具体需求编写。

（4）软元件的刷新时间不固定　模式 0 状态下，当网络连接 8 台 PLC 时，软元件的刷新时间最长为 65ms；当网络连接两台 PLC 时，刷新时间最短为 18ms，网络中每减少一台 PLC，刷新时间减少 8ms。

模式 1 状态下，当网络连接 8 台 PLC 时，软元件的刷新时间最长为 82ms；当网络连接两台 PLC 时，刷新时间最短为 22ms，网络每减少一台 PLC，刷新时间减少 10ms。

模式 2 状态下，当网络连接 8 台 PLC 时，软元件的刷新时间最长为 131ms，当网络连接两台 PLC 时，刷新时间最短为 34ms，网络每减少一台 PLC，刷新时间减少 16ms。

2. 变频器通信网络

FX 系列 PLC 可与变频器以 RS-485 通信方式连接组成变频器通信网络，该网络是十分常见的 PLC 和变频器的组合应用，其通信网络架构如图 5-7 所示。变频器通信网络采用主从通信方式，其中 PLC 是主站，变频器均为从站，一台 PLC 最多可以对 8 台变频器进行监控。该网络采用半双工双向通信，波特率有 4800bps、9600bps 和 19200bps 等可选择，最大通信距离可达 500m，字符形式为 ASCII 码，没有起始位，采用偶校验，包括 7 位数据和 1 位停止位。一般情况下，FX 系列 PLC 只可与三菱公司生产的变频器通信，且 FX2N 与 FX3G 、FX3U 等 PLC 的变频器通信指令不同，通信参数设定也不一样，具体应用时要参照 PLC 与变频器的相关应用手册，表 5-2 是 FX3U 系列 PLC 的变频器网络专用通信指令表。

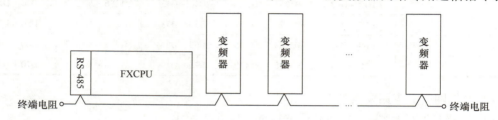

图 5-7　变频器通信网络架构图

表 5-2　FX3U 系列 PLC 的变频器网络专用通信指令表

序号	功能号与指令	名称	指令格式	指令功能描述
1	FNC270 IVCK	变频器运行监视	指令输入 FNC 270 IVCK (S1·) (S2·) (D·) n	将站号（S1·）和通道 n 的 VFD 指令代码（S2·）的值保存至 PLC 软元件（D·）中
2	FNC271 IVDR	变频器运行控制	指令输入 FNC 271 IVDR (S1·) (S2·) (S3·) n	将设定值（S3·）传送至站号（S1·）和通道 n 的 VFD 指令代码（S2·）中
3	FNC272 IVRD	读取变频器参数	指令输入 FNC 272 IVRD (S1·) (S2·) (D·) n	将站号（S1·）和通道 n 的 VFD 指令代码（S2·）传送至 PLC 软元件（D·）中
4	FNC273 IVWR	写入变频器参数	指令输入 FNC 273 IVWR (S1·) (S2·) (S3·) n	将（S3·）中的参数号或参数设定值传送至站号（S1·）和通道 n 的 VFD 指令代码（S2·）中
5	FNC274 IVBWR	成批写入变频器参数	指令输入 FNC 274 IVBWR (S1·) (S2·) (S3·) n	以（S3·）为起始软元件，将（S2·）指定个数的成对数据成批送入站号（S1·）和通道 n 的 VFD 相应单元

注：增加的 5 条通信指令可用于 FX3U 与三菱 A500/E500/F500/F700/A700 系列变频器间通信控制。

主站与任一从站之间可以进行数据通信，但从站与从站之间不能直接通信，若从站与从站之间有数据交换的需要，则应通过主站进行中转。应用时，需在主站上编写通信程序，从站（变频器）则需要根据通信协议设置相关通信参数，PLC 通过程序从变频器中读出或者写入指令，以此来监控变频器。

FX3U 系列 PLC 与变频器通信的应用要点（具体见典型应用案例）如下。

1）PLC 与变频器之间的接线。

2）变频器通信参数的设置。

3）PLC 通信参数的设置。

4）编写通信程序，通过 PLC 向变频器发送指令、数据或接收数据。

3. CC – Link 通信网络

控制与通信链路系统（Control&Communication Link，CC – Link）是三菱电机推出的开放式现场总线，它是以设备层为主的控制网络，同时也可覆盖较高层次的控制层和较低层次的传感器层。CC – Link 通信网络可由 1 个主站和 64 个从站组成，主站由 PLC 担当，从站可以是远程 I/O 模块、特殊功能模块、PLC、人机界面、变频器、测量仪表和阀门等符合 CC – Link 规格的设备，也可实现从 CC – Link 到 AS – I 总线的连接，CC – Link 通信网络架构如图 5-8 所示。CC – Link 通信网络的传输距离取决于传输速度，当传输速度为 10Mbps 时，最远可以传送 100m，当传输速度为 115.2kbps 时，最远可以传输 1200m。CC – Link 通信网络的底层通信协议遵循 RS – 485，采用广播 – 轮询的方式进行通信，其传输数据容量大，通信速度多级可选择，支持主站与本地站、智能设备站之间的瞬间通信。

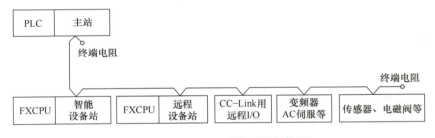

图 5-8　CC – Link 通信网络架构图

FX 系列 PLC 作为远程设备站和智能设备站进行连接时，最多可连接 8 个远程 I/O 站，以适应生产线的分散控制和集中管理。

4. 以太网通信网络

FX3U 和 FX3UC 系列 PLC 配置了 FX3U – ENET – L 以太网接口模块构成以太网通信网络，其网络架构如图 5-9 所示。FX3U – ENET – L 模块是利用 TCP/IP、UDP/IP，经过以太网（100BASE – TX/10BASET），将 FX3U 和 FX3UC 系列 PLC 与计算机或工作站等上位系统连接的接口模块。FX3U – ENET – L 支持固定缓冲存储区通信、连接 MELSOFT，通过 MC 系列通信、电子邮件送信等功能，可实现 PLC 数据的收集，与网络上其他设备进行任意数据的交换，还能实现以电子邮件形式发送数据等功能。连接 MELSOFT 时，通过 GX Work2 可实现 PLC 程序的远程维护。FX3U – ENET – L 有大量缓冲区，具备缓存发送/接收的功能（1024 字/次），可用于主站与第三方设备（如仪器仪表等）的通信。FX3U – ENET – L 有个 4 个通信通道，但只有两个通道可以使用固定缓存，所以，主站 PLC 加一个 FX3U – ENET – L 模块在使用固定缓存时，只能和一个从站进行通信。该模块连接时，需对 PLC 进行参数设置，并编写 PLC 通信程序。

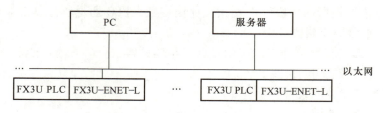

图 5-9　以太网通信网络架构图

二、典型应用案例（本应用案例不作为教学要求，仅供工作实践参考）

1. FX3U 系列 PLC 无线通信系统的应用

（1）技术方案介绍　系统由 8 台三菱 FX3U – 48MT PLC 组成，PLC 经 FX3U – 485 – BD 模块与无线数据终端 DTD435M2 相连组成网络的一个站点，8 台 PLC 间采用三菱 N：N 通信网络构成无线通信系统，实现 PLC 之间的数据交换和共享，其中一个站点为主站，其余的为从站，如图 5-10 所示。本方案采用 433MHz 自主无线通信方式，安全可靠，且没有运行费用。

图 5-10　FX3U 系列 PLC 无线通信系统网络图

DTD435M2 是针对日系 PLC 的通信特点开发的工业级无线数据通信终端，其内嵌 RS – 232/RS – 485 双接口，自适应三菱 N：N 通信网络协议、欧姆龙 HOST Link 协议等，能与日系 PLC 组成无线测控网络，DTD435M2 的无线稳定有效传输距离达到 3km 以上，集成了 EMI 抗干扰滤波单元，适合在各种恶劣环境的工业场合运行。

（2）PLC 与 DTD435M2 的连接　FX3U – 485 – BD 的一端插接在 PLC 通信扩展口上，另一端与 DTD435M2 的通信端子连接，具体接线如图 5-11 所示。

（3）PLC 的 N：N 通信网络参数设置

1）D8176：站号设置，取值范围为 0～7，其中，主站设置为 0，从站设置为 1～7。

2）D8177：从站个数设置，该设置只适用主站，设定范围为 1～7，默认值为 7。

3）D8178：刷新范围设置，即设定联网 PLC 的内部共享区域辅助继电器和数据寄存器的范围，不同型号 PLC 的内部共享区域辅助继电器和数据寄存器的地址、范围均有差异。

4）其他相关标志和数据寄存器：

M8038 为 N:N 通信网络的参数设置位。

M8138 为主站通信错误标志，在主站通信错误时为 ON。

M8184 ~ M8190 为 1 ~ 7 号从站通信错误标志，在从站通信错误时为 ON。

M8191 为通信执行标志，在主站与其他从站通信时为 ON。

D8179 为主站通信重复次数设定位，设定值为 0 ~ 10（默认值为 3），该设置仅用于主站，当通信出错时，主站就会依据设置的次数自动重试通信，该位在无线通信时设置为 0。

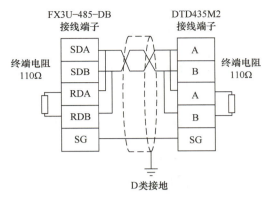

图 5-11　PLC 与 DTD435M2 的接线图

D8180 为主站和从站间的通信驻留时间设置位，设定值为 5 ~ 255，设定值对应的通信驻留时间为 50 ~ 2550ms，无线通信最少不小于 50 × 10ms。

一般 DTD435M2 在出厂时就设为了 N:N 网络通信协议，所以用户一般不需要再做任何设置。

N:N 通信网络是自动进行数据交换的，所以只需要配置好通信参数就可以正常通信了。

（4）PLC 通信程序　本例的通信网络模式选择模式 1，先根据需要确定主站、从站，然后将主站、从站 PLC 与 DTD435M2 连接，接着对各 PLC 进行通信参数设置，即可实现无线通信。PLC 通信程序分为主站程序和从站程序两部分。

1）主站程序及说明。主站需要配置的通信参数为 D8176、D8177、D8178、D8179 和 D8180，主站程序梯形图如图 5-12 所示。

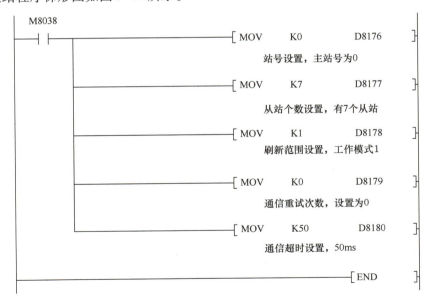

图 5-12　主站程序梯形图

2）从站程序及说明。从站需要配置的通信参数为 D8176，以 2 号从站为例，从站程序梯形图如图 5-13 所示。

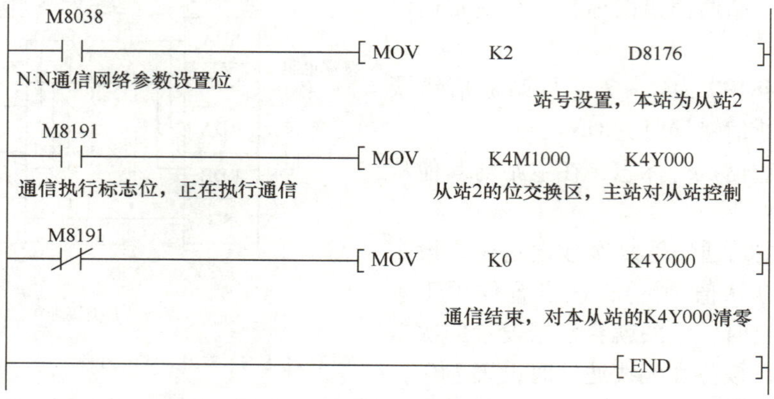

图 5-13 从站程序梯形图

3）测试程序。在上述主站、2 号从站程序中加入测试程序，其梯形图如图 5-14 所示。在主站按下 X000 按钮，M1030 的线圈就会导通，即 2 号从站的 M1030 触点就会导通，2 号从站的 Y000 就会有输出；在主站按下 X001 按钮，M1031 的线圈就会导通，即 2 号从站的 M1031 触点就会导通，2 号从站的 Y001 就会有输出。在 2 号从站按下 X000 按钮，2 号从站的 M1128 线圈就会导通，即主站的 M1128 常开触点就会导通，主站的 Y000 就会有输出；在 2 号从站按下 X001 按钮，2 号从站的 M1129 线圈就会导通，即主站的 M1129 常开触点就会导通，主站的 Y001 就会有输出。

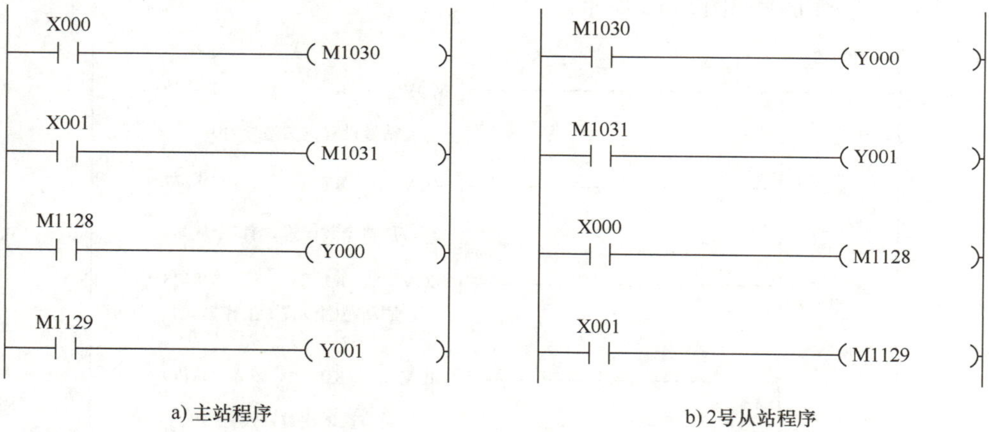

图 5-14 测试程序梯形图

2. FX3U 系列 PLC 与三菱变频器通信网络的应用

（1）技术方案介绍 系统由一台 FX3U‑48MT PLC、一个 FX3U‑485ADP‑DB 通信扩展模块、8 台三菱 FR‑E700 系列变频器 VFD（Variable Frequency Drive）及触摸屏组成，PLC 与变频器间使用 RS‑485 总线进行通信。PLC 经 FX3U‑485ADP‑DB 通信模块与变频器相连，8 台变频器并联在 RS‑485 总线上，PLC 与 8 台变频器组成变频器通信网络，以实现 PLC 与变频器间的数据交换和共享，如图 5-15 所示。

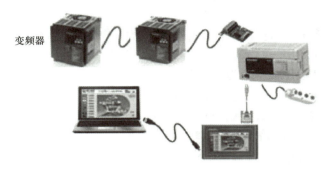

图 5-15　PLC 与 8 台三菱变频器组成的变频器通信网络

（2）PLC 与变频器间接线　为了实现 RS-485 通信，三菱 FR-E700 系列变频器使用内置的 RS-485 通信端口，FX3U-48MT PLC 经通信扩展模块 FX3U-485ADP-DB 与变频器相连，具体接线如图 5-16 所示，PLC 与站号 0 的 VFD 和站号 1 的 VFD 的通信控制端对应关系见表 5-3。

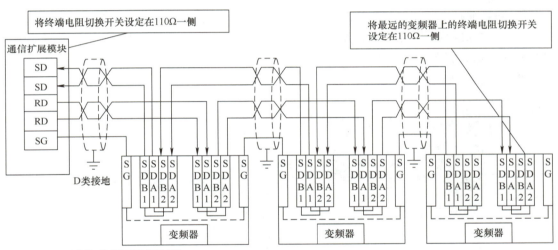

图 5-16　PLC 与变频器的接线图

表 5-3　通信控制端对应关系

PLC 与 VFD（站号 0）		VFD（站号 0）与 VFD（站号 1）	
FX3U-485ADP-DB	RS-485 通信端口	RS-485 通信端口	RS-485 通信端口
RDA	SDA1	SDA2	RDA1
RDB	SDB1	SDB2	RDB1
SDA	RDA1	RDA2	SDA1
SDB	RDB1	RDB2	SDB1
SG	SG	SG	SG

（3）通信参数设置

1）变频器通信参数设置。

Pr117 = 1（站号可为 1～31）。

Pr118 = 192（192 表示波特率为 19200bps）。

Pr119 = 1（1 表示停止位有 2 位，数据位有 8 位）。

Pr120 = 2（奇偶检验，2 表示偶校验）。

Pr123 = 9999（PU 通信等待时间设定）。

Pr124 = 1（PU 通信有无 CR/LF 选择）。

Pr549 = 0（协议选择）。

变频器有三个模式：PU、EXT 和 NET（网络模式）。

Pr79 = 0。

Pr340 = 10。

当 Pr79 = 0，Pr340 = 10 时，按 PU 面板上的 PU/EXT 键会在 PU 模式与 NET 模式之间切换。其实变频器复位后只需要设置 Pr117 的参数即可，因为其他参数都可以用程序来设置。

2）PLC 通信参数设置。PLC 端的 RS-485 通信参数设置是通过编程工具软件 Gx Developer 或 GX Works2 进行的，页面如图 5-17 所示。只要保证设置页面的参数值与变频器参数完全相同（CH1 指与 PLC 基本单元最近的 RS-485 模块或单元），通信参数设置完成后需重新上电启动设备才能生效。

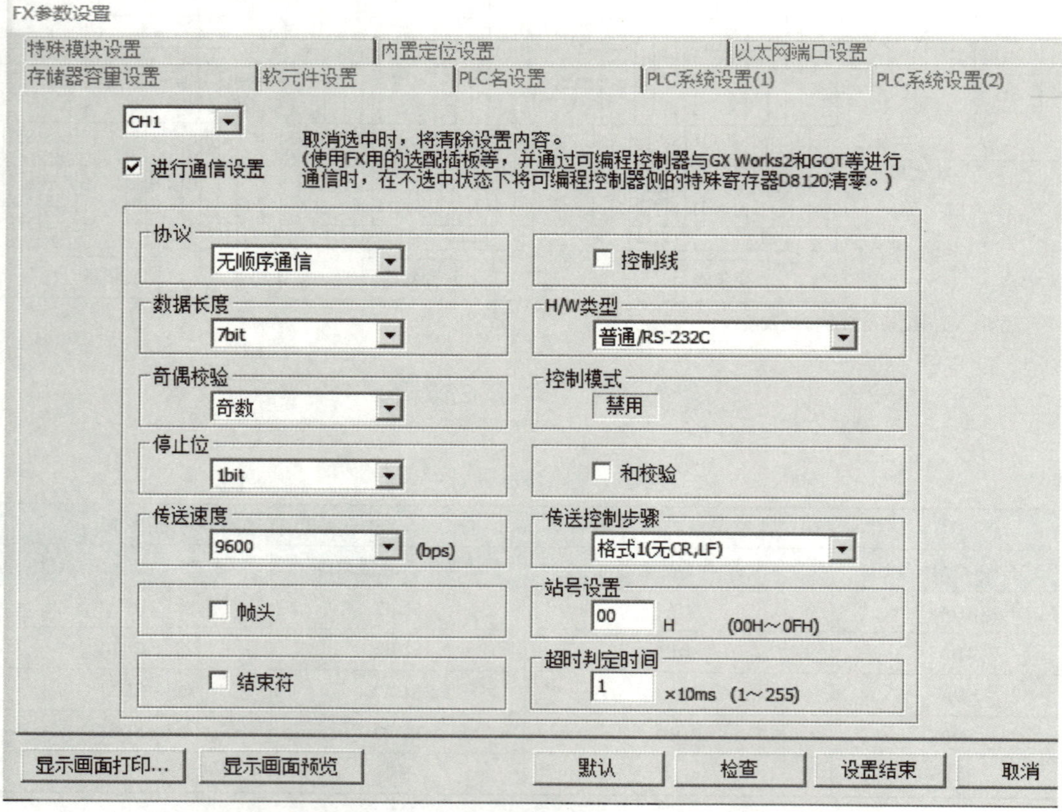

图 5-17　GX Works2 的 PLC 通信参数设置页面

（4）程序及说明

1）准备知识。FX3U 系列 PLC 的专用变频器通信指令格式如图 5-18 所示，"S2·" 为变频器指令（命令）代码、"S3·" PLC 读出/写入，变频器通信代码具体内容见附录 D。变频器网络专用通信指令见表 5-2。

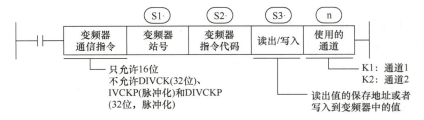

图 5-18　FX3U 系列 PLC 的专用变频器通信指令格式

变频器运行监视指令 IVCK 的应用如图 5-19a 所示。IVCK 指令的执行过程：给站号为 1 的变频器发送命令代码 H6F（读取频率指令代码）并把接收回来的数值放到 D0 中。这段程序的功能是读取变频器当前运转的频率。

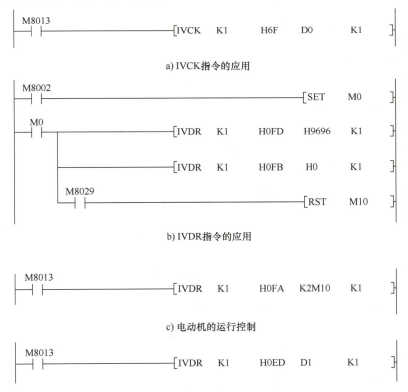

a) IVCK指令的应用

b) IVDR指令的应用

c) 电动机的运行控制

d) 将频率值写入变频器

图 5-19　专用变频器通信指令应用

变频器运行控制指令 IVDR 的应用如图 5-19b 所示。IVDR 指令的执行过程：给站号为 1 的变频器发送命令代码 H0FD（变频器复位命令指令代码），并把 H9696（变频器复位）作为参数，使用通道 1；再给站号为 1 的变频器发送命令代码 H0FB（写入指令代码），并把

H0（网络运行）作为参数，使用通道1。这段程序的功能是在上电后自动把变频器复位，并切换至 NET 模式。

图5-19c 所示程序的功能是实现电动机的运行控制。H0FA 是运行指令的命令代码，程序中的参数 K2M10 对应 b0～b7（见附录 D）。

如果要中速正转，就需要将 b1 和 b4 闭合，也就是使程序中的 M11 和 M14 为 ON，或用 H12 作为参数代替 K2M10。

如果要中速反转，就需要将 b2 和 b4 闭合，也就是使程序中的 M12 和 M14 为 ON，或用 H14 作为参数代替 K2M10。

如果要电动机停下来，需设置 b7 为闭合，也就是使程序中的 M17 为 ON，或用 H80 作为参数代替 K2M10。

图5-19d 所示程序的功能是将频率值写入变频器中，H0ED 是写入设定频率的命令代码。

2）PLC 应用程序。FX3U 系列 PLC 与 VFD 通信的初始化程序段如图5-20 所示。

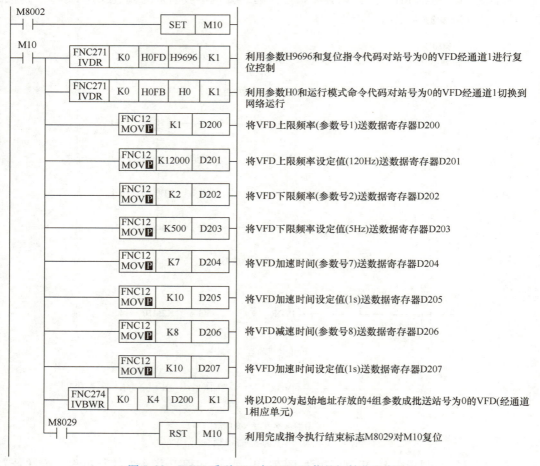

图5-20　FX3U 系列 PLC 与 VFD 通信的初始化程序段

FX3U 系列 PLC 与 VFD 通信及电动机速度调节程序段如图5-21 所示，程序段中三段速/非三段速运行控制开关为 M14，变频器频率设定按钮为 M15，三段速的高速按钮为 M16，中速按钮为 M17，低速按钮为 M18，M14～M18 通过触摸屏操作。

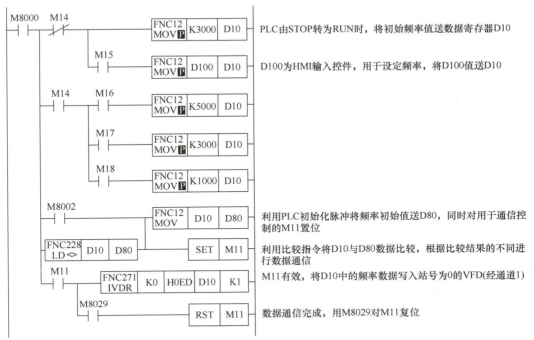

图 5-21　FX3U 系列 PLC 与 VFD 通信及电动机速度调节程序段

FX3U 系列 PLC 与 VFD 通信及电动机正反转控制程序段如图 5-22 所示，程序段中正转按钮为 X001，反转按钮为 X002，停止按钮为 X000。

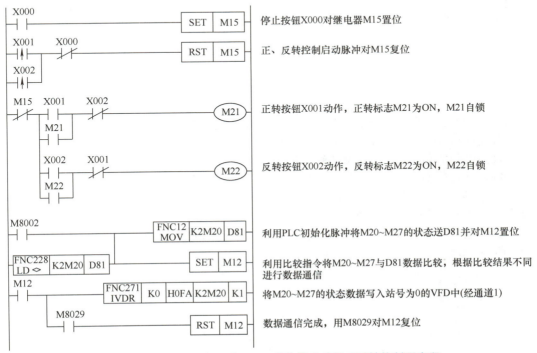

图 5-22　FX3U 系列 PLC 与 VFD 通信及电动机正反转控制程序段

FX3U 系列 PLC 与 VFD 通信及运行状态监控程序段如图 5-23 所示。

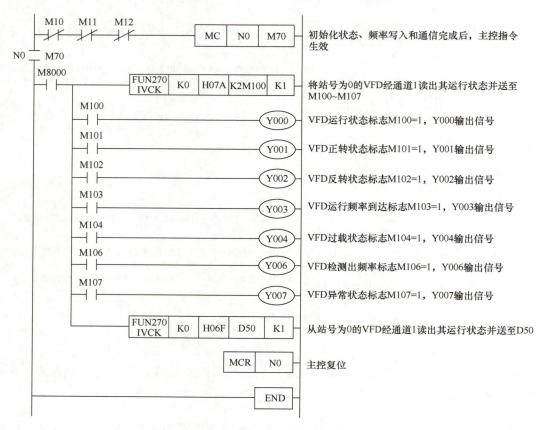

图 5-23　FX3U 系列 PLC 与 VFD 通信及运行状态监控程序段

1. 并行和串行通信方式各有什么特点？PLC 网络通信一般采用哪种通信方式？为什么？
2. 试比较 RS–232 与 RS–485 通信接口的特点。
3. 数据传送中常用的校验方法有哪几种？各有什么特点？
4. 常见的工业局域网介质访问控制有哪几种？它们各具有什么特点？
5. 基带传输为什么要对数据进行编码？
6. N:N 通信网络是如何实现数据传输的？
7. 现有两台 FX3U 系列 PLC，请按 N:N 通信网络要求设计并完成数据传输的实验。
8. 请简要阐述三菱变频器通信网络的典型应用场景。

附录A　三菱 FX3U 系列 PLC 的性能规格

表 A-1　输入性能规格

项目		规格					
		FX3U－16M □/□S（S）	FX3U－32M □/□S（S）	FX3U－48M □/□S（S）	FX3U－64M □/□S（S）	FX3U－80M □/□S（S）	FX3U－128 □/□S（M）
输入点数		8 点	16 点	24 点	32 点	40 点	64 点
输入的连接方式		固定式端子排（M3 螺钉）	拆装式端子排（M3 螺钉）				
输入形式		漏型/源型					
输入信号电压		AC 电源型：DC 24V　　±10%　　DC 电源型：DC 16.8～28.8V					
输入阻抗	X000～X005	3.9kΩ					
	X006、X007	3.3kΩ					
	X010 以上	—	4.3kΩ				
输入信号电流	X000～X005	6mA/DC 24V					
	X006、X007	7mA/DC 24V					
	X010 以上	—	5mA/DC 24V				
ON 输入感应电流	X000～X005	3.5mA 以上					
	X006、X007	4.5mA 以上					
	X010 以上	—	3.5mA 以上				
OFF 输入感应电流		1.5mA 以下					
输入响应时间		约 10ms					
输入信号形式		无电压触点输入 漏型输入时：NPN 开集电极型晶体管 源型输入时：PNP 开集电极型晶体管					
输入回路隔离		光电耦合器隔离					
输入动作的显示		光电耦合器驱动时面板上的 LED 灯亮					

表 A-2　输出性能规格

项目		继电器输出	双向晶闸管开关元件输出	晶体管输出（漏型）
外部电源		AC 240V 以下	AC 85～242V	DC 5～30V
电路绝缘		机械绝缘	光电晶闸管绝缘	光电耦合器绝缘
动作指示		继电器线圈通电时 LED 灯亮	光电晶闸管驱动时 LED 灯亮	光电耦合器驱动时 LED 灯亮
最大负载	电阻性负载	2A 以下，1 点 8A 以下，4 点公用 8A 以下，8 点公用	0.3A，1 点 8A 以下，4 点公用 8A 以下，8 点公用	0.5A 以下，1 点 0.8A 以下，4 点公用 1.6A 以下，8 点公用
	电感性负载	80V·A	15V·A/AC 100V 30V·A/AC 200V	12W/DC 24V 以下，1 点 19.2W/DC 24V 以下，4 点公用 38.4W/DC 24V 以下，8 点公用
回路隔离		机械隔离	光电晶闸管隔离	光电耦合器隔离
最小负载		DC 5V，2mA 参考值	0.4V·A/AC 100V 1.6V·A/AC 200V	—
开路漏电流		—	0.1mA 以下/DC 30V	0.1mA 以下/DC 30V
ON 电压		—	1.5V 以下	1.5V 以下
响应时间	OFF→ON	约 10ms	约 10ms	Y000～Y002/5μs Y003 以后/0.2ms 以下
	ON→OFF	约 10ms	10ms 以下	Y000～Y002/5μs 以下 Y003 以后/0.2ms 以下

表 A-3　基本技术性能规格

项目		性能
运算控制方式		重复执行保存程序的方式（专用 LSI），有中断功能
输入/输出控制方式		批次处理方式（执行 END 指令时），有输入/输出刷新指令和脉冲捕捉功能
程序语言		继电器符号方式 + 步进梯形图方式（可以用 SFC 表现）
程序存储器	最大内存容量	64000 步（通过参数的设定，还可以设定为 2k/4k/8k/16k/32k） 可以通过参数进行设定，在程序内存中编写注释、文件寄存器 ① 注释：最大 6350 点（50 点/500 步） ② 文件寄存器：最大 7000 点（500 点/500 步）
	内置存储器容量/型号	64000 步/RAM 存储器（使用内置锂离子电池进行备份） ① 电池寿命：约 5 年 ② 有密码保护功能（使用关键字功能）
	存储器盒（选件）	快闪存储器 （存储器盒的型号名称不同，各自的最大内存容量也不同） ① FX3U‐FLROM‐64L：64000 步（有程序传送功能） ② FX3U‐FLROM‐64：64000 步（无程序传送功能） ③ FX3U‐FLROM‐16：16000 步（无程序传送功能） 允许写入次数：1 万次
	RUN 中写入功能	有（PLC 运行过程中可以更改程序）

（续）

项目		性能
实时时钟	时钟功能	内置 1980～2079 年（有闰年修正），阳历 2 位数/4 位数，月误差 ±45s/25℃
指令的种类	基本指令	Ver. 2. 30 以上 ① 顺控指令 29 个 ② 步进梯形图指令 2 个 低于 Ver. 2. 30 ① 顺控指令 27 个 ② 步进梯形图指令 2 个
	应用指令	218 种，497 个
运算处理速度	基本指令	0.065μs/条指令
	应用指令	0.642μs/条～数百微秒每条指令

表 A-4　电源规格（AC 电源/DC 输入型）

项目	规格					
	FX3U－16M□/ E□	FX3U－32M□/ E□	FX3U－48M□/ E□	FX3U－64M□/ E□	FX3U－80M□/ E□	FX3U－128M□/ E□
电源电压	AC 100～240V					
电源电压允许范围	AC 85～264V					
额定频率	50/60Hz					
允许瞬时停电时间	对 10ms 以下的瞬时停电会继续运行 对于电源电压为 AC 200V 的系统，可以通过用户程序在 10～100ms 之间更改					
电源熔断器	250V，3. 15A		250V，5A			
冲击电流	最大 30A（5ms 以下/AC 100V），最大 65A（5ms 以下/AC 200V）					
消耗功率	30W	35W	40W	45W	50W	65W
DC 24V 供给电源	400mA 以下		600mA 以下			
DC 5V 内置电源	500mA 以下					

表 A-5　环境规格

环境温度	0～55℃（动作时），－20～70℃（保存时）	
相对湿度	35%～85%RH（不结露，动作时）	
抗振动	符合 JIS C0911，0～55Hz/5mm（最大 2G），3 轴向各 2 小时	
抗冲击	符合 JIS C0912，10G，3 轴向各 3 次	
抗噪声	测试使用了噪声电压为 1000V_{P-P}，噪声宽为 1μs，周期为 30～100Hz 的 噪声模拟器，效果良好	
耐压	AC 1500V 时，1min	全部端子和接地端子之间
绝缘电阻	DC 500V 时，欧姆表测量值在 5MΩ 以上	
接地	不可与强电系统通用接地	
工作环境	环境中不可存在腐蚀性、可燃性气体，导电性尘埃不严重	

附录 B　GX Developer 编程软件的应用

一、菜单功能

GX Developer 是目前常用的编程软件，其所有功能以菜单形式出现，还有许多便捷工具条。

GX Developer 的功能菜单见表 B-1。

表 B-1　GX Developer 的功能菜单

菜单	命令	菜单	命令
工程	创建新工程	编辑	NOP 批量删除
	打开工程		划线写入
	关闭工程		划线删除
	保存工程		TC 设定值更改
	工程另存为		读出模式
	删除工程		写入模式
	校验		梯形图标记
	复制		梯形图编辑模式
	编辑数据		文档生成
	更改 PLC 类型	诊断	PLC 诊断
	读取其他格式文件		网络诊断
	写入其他格式文件		以太网诊断
	宏		CC – Link 诊断
	FB		系统监视
	打印		在线模块交换
编辑	撤销	在线	传输设置
	返回		PLC 读取
	剪切		PLC 写入
	复制		PLC 校验
	粘贴		PLC 写入快闪卡
	行插入		PLC 数据删除
	行删除		PLC 数据属性改变
	列插入		PLC 用户数据
	列删除		监视
	NOP 批量插入		调试

（续）

菜单	命令	菜单	命令
在线	远程操作	显示	状态条
	冗余操作		放大/缩小
	登录关键词		工程数据列表
	清除 PLC 内存		工程数据显示形式
	格式化 PLC 内存		列表显示
	整理 PLC 内存		触点数设置
	时钟设置		线路使用时间显示
搜索/替换	软元件查找		显示步同步
	指令查找	变换	变换
	步号查找		变换（编辑中的全部程序）
	字符串搜索		变换（全部程序）
	触点线圈搜索		变换（运行中写入）
	软元件替换	帮助	PLC 错处
	软元件批量替换		特殊继电器/寄存器
	指令替换		快捷键操作列表
	常开常闭触点互换	窗口	层叠显示
	字符串替换		左右并排显示
	模块起始 I/O 号替换		上下并排显示
	登录至软元件批量更改		排列图标
	声明/注解类型更改		关闭所有画面
	交叉参考窗口显示	工具	程序检查
	触点线圈		数据合并
	软元件使用列表		参数检查
显示	注释显示		ROM 传送
	声明显示		删除未使用软元件注释
	注解显示		清除所有参数
	别名显示		梯形图逻辑测试启动
	软元件显示		电话功能设置/经调制解调器连接
	宏命令形式显示		智能功能模块
	注释显示形式		自定义键
	别名显示形式		显示颜色改变
	软元件显示形式		选项
	工具条		启动设置文件生成

二、软件使用

采用 GX Developer 编程软件的编程方法如下。

1）进入 GX Developer 编程软件开始界面，如图 B-1 所示。

2）选择"工程"菜单→"创建新工程"命令，弹出"创建新工程"对话框，选择 PLC 系列为"FXCPU"，选择 PLC 类型为"FX2N（C）"，选择程序类型为"梯形图"，如图 B-2所示，然后单击"确定"按钮。

3）进入梯形图编程界面，如图 B-3 所示。

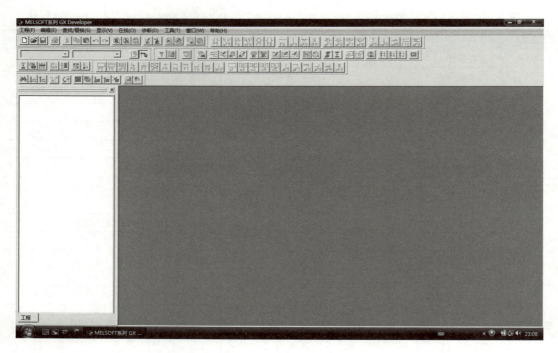

图 B-1　GX Developer 编程软件开始界面

图 B-2　"创建新工程" 对话框

4）在写入模式下，利用工具条，采用梯形图编程，然后选择"变换"菜单中的"变换"命令，或按 < F4 > 键，将梯形图程序变换为执行程序，如图 B-4 所示。

5）也可单击"梯形图/列表显示切换"图标，用指令表编程，然后选择"变换"菜单中的"变换"命令，或按 < F4 > 键，将用指令表创建的程序变换为执行程序，如图 B-5 所示。

6）编程结束，将结果用适当的文件名保存，如图 B-6 所示，并可在保存时给文件加上索引。

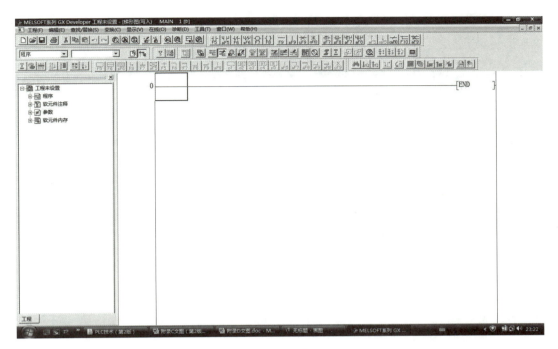

图 B-3　梯形图编程界面

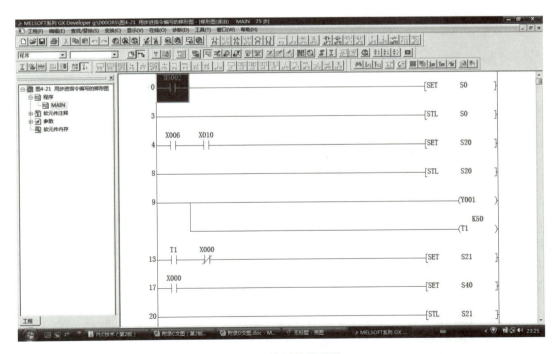

图 B-4　编写的梯形图

7）在菜单栏选择"在线"→"传输设置"命令，如图 B-7 所示。

8）双击"串行"图标，弹出"PC I/F 串口详细设置"对话框，如图 B-8 所示，根据

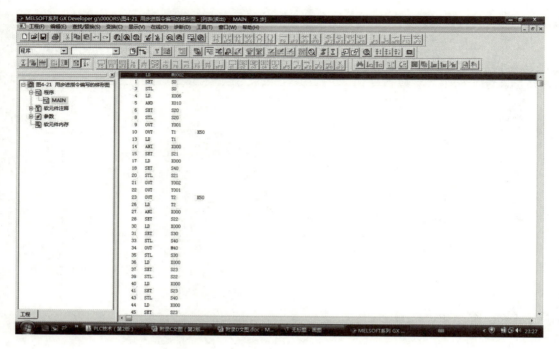

图 B-5　编写的指令表

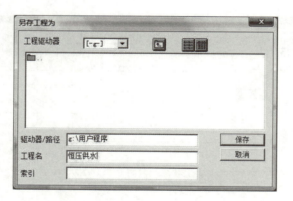

图 B-6　保存

选用的数据线选择 "RS – 232C" 或 "USB"，根据数据线在计算机上的接口位置，在 "COM 端口" 列表框中选择 "COM1"，再选择传输速度，通常为 "9.6kbps"，最后单击 "确认" 按钮。

9) 串口设置正确与否，可单击 "通信测试" 图标来确认，若设置正确，会出现连接成功的对话框，如图 B-9 所示，然后单击 "确定" 按钮。

10) 在菜单栏选择 "在线" → "PLC 写入" 命令，弹出的对话框如图 B-10 所示，选择程序 "MAIN"，设定传送的程序步范围，向 PLC 传送用户程序，如图 B-11 所示。

11) 传送结束后，利用 PLC 上的 STOP/RUN 切换开关，或选择菜单栏中 "在线" → "远程操作" 命令，如图 B-12 所示，使 PLC 进入运行状态。

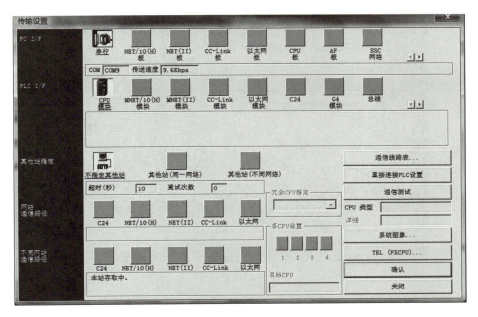

图 B-7　传输设置

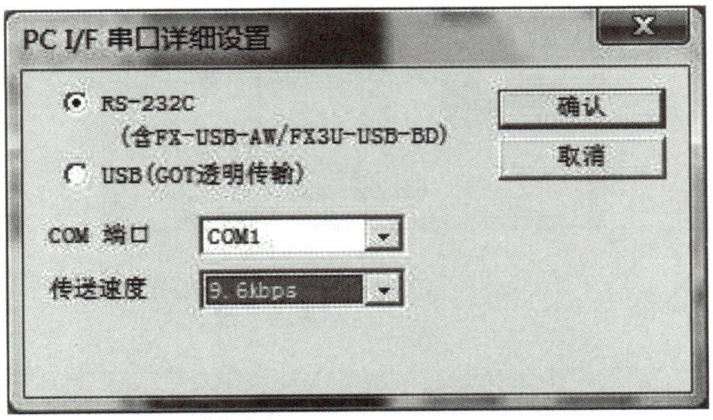

图 B-8　"PC I/F 串口详细设置"对话框

图 B-9　串口设置正确

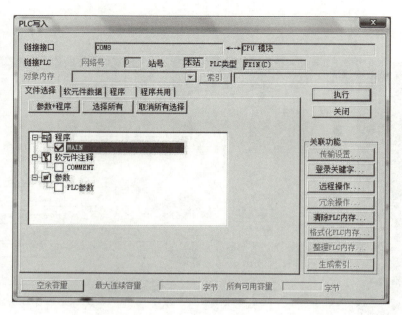

图 B-10 "PLC 写入"对话框

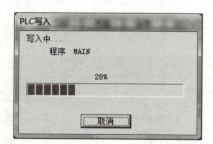

图 B-11 向 PLC 传送用户程序

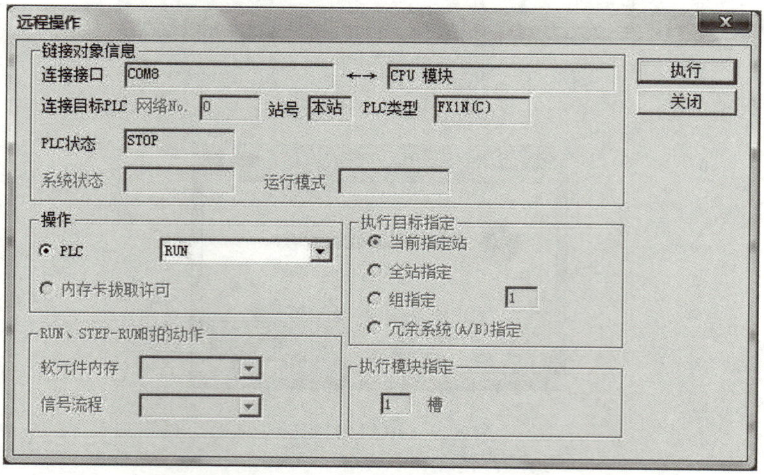

图 B-12 使 PLC 进入运行状态

12）可操作连接在 PLC 输入端的按钮或开关，观察输出 LED 的状况，也可利用"监视模式"功能在计算机屏幕上观察程序运行的情况，检查用户程序的正确与否，如图 B-13 所示。

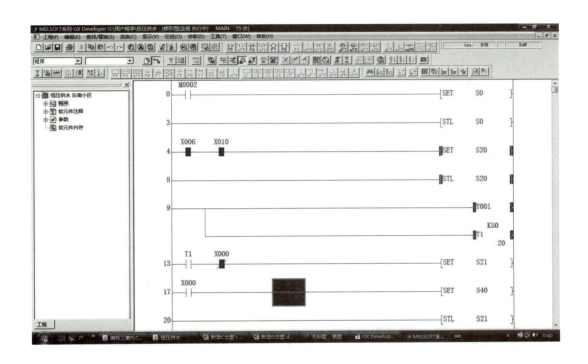

图 B-13　利用"监视模式"功能观察程序运行

13）若用户程序不正确，应中止运行，修改程序，直到正确为止。

附录 C　GX Works2 编程软件的应用

一、菜单功能

GX Works2 是较 GX Developer 更新的编程软件。与 GX Developer 相比，GX Works2 在支持的 CPU 模块、功能和操作性等方面均有所不同，使用前应予以确认，特别是它支持梯形图和 SFC 编程，但不支持指令表编程，应特别注意。

GX Works2 所有功能以菜单形式出现，并配以工具条，功能菜单见表 C-1。

表 C-1 GX Works2 的功能菜单

菜单	命令	菜单	命令
工程	创建工程	编辑	TC 设定值更改
	打开工程		梯形图编辑模式
	关闭工程		梯形图符号
	保存工程		内嵌
	工程另存为		FB 实例名编辑
	压缩/解压缩		文档创建
	删除工程		简易编辑
	工程校验		从 CSV 文件读取
	工程更改履历		写入至 CSV 文件
	PLC 类型更改	在线	PLC 读取
	工程类型更改		PLC 写入
	智能功能模线		PLC 校验
	数据操作		远程操作
	打开其他格式		口令/关键字
	保存 GX Developer 格式		PLC 存储器操作
编辑	撤销		PLC 数据删除
	恢复		PLC 用户数据
	剪切		程序存储器的 ROM 化
	复制		程序存储器批量传送
	粘贴		锁存数据备份
	连续粘贴		CPU 模块更换
	删除		时钟设置
	恢复到梯形图转换后的状态		登录/解除显示模块菜单
	行插入		监视
	行删除		监看
	列插入		局部软元件批量读取
	列删除	调试	模拟开始/停止
	NOP 批量插入		未支持模拟的指令显示
	NOP 批量删除		当前值更改
	划线写入		强制输入/输出登录/解除
	划线删除		附带执行条件的软元件测试

（续）

菜单	命令	菜单	命令
调试	采样跟踪	视图	隐藏梯形图块
	扫描时间测定		显示梯形图块
	步执行		隐藏所有梯形图块
	中断设置		显示所有梯形图块
	跳过设置		软元件显示
帮助	GX Works2 帮助		软元件批量显示
	操作手册		解除软元件批量显示
	版本信息		编译结果显示
搜索/替换	交叉参照		放大/缩小字符大小
	软元件使用列表		上下并列打开 FB
	软元件搜索		打开标签设置
	指令搜索		打开 Zoom 源块
	触点线圈搜索		移动 SFC 图的光标
	字符串搜索		打开指令帮助
	软元件替换	窗口	层叠
	指令替换		垂直并排
	字符串替换		水平并排
	A/B 触点更改		排列图标
	软元件批量更改		关闭所有窗口
	登录至软元件批量更改	诊断	PLC 诊断
	模块起始 I/O 号更改		以太网诊断
	声明/注解类型更改		CC IE Control 诊断
	行间声明一览		CC IE Field 诊断
	下一梯形图块起始跳转		MELSECNET 诊断
	上一梯形图块起始跳转		CC – Link/CC – Link/LT 诊断
视图	工具栏		系统监视
	状态栏		在线模块更换
	颜色及字体	工具	IC 存储卡
	折叠窗口		程序检查
	注释显示		参数检查
	声明显示		清除全部参数
	注解显示		选项
	当前值监视行显示		自定义快捷键
	软元件注释显示格式		自动分配软元件设置

（续）

菜单	命令	菜单	命令
工具	块口令设置	工具	内置 I/O 模块用工具
	存储器容量计算		智能功能模块参数检查
	数据合并		智能功能模块用工具
	TEL 功能设置/通过调制解调器连接		选择语言
	LCPU 记录设置工具		登录配置文件
	以太网适配器模块设置工具		

二、软件使用

使用 GX Works2 编程软件进行的编程方法如下。

1）进入开始界面。如图 C-1 所示。

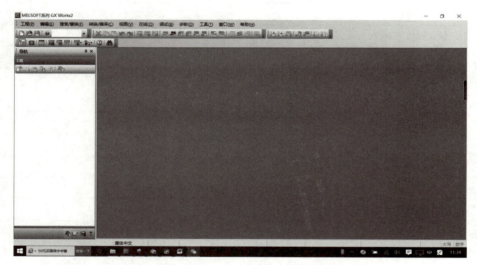

图 C-1　GX Works2 编程软件开始界面

2）选择"工程"菜单。在"新建工程"对话框中，PLC 系列选择"FXCPU"，PLC 类型选择"FX3U/FX3UC"，程序语言选择"梯形图"，如图 C-2 所示，然后单击"确定"按钮。

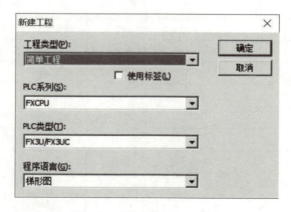

图 C-2　"新建工程"对话框

3）编程界面。进入梯形图编程界面，如图 C-3 所示。

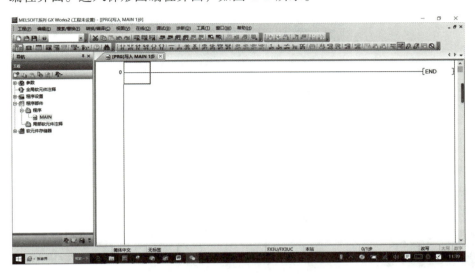

图 C-3　梯形图编程界面

4）写入梯形图。在写入模式下，利用梯形图工具条进行梯形图编程，然后选择"变换"菜单中的"变换"命令，将用梯形图创建的程序变换为执行程序，如图 C-4 所示。

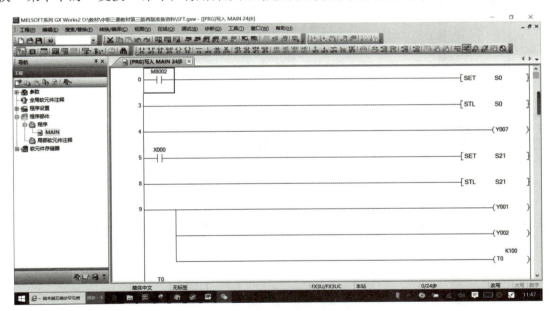

图 C-4　编写的梯形图

5）编写 SFC。如需用 SFC 编程，在"新建工程"对话框中选择程序语言为"SFC"，如图 C-5 所示，然后单击"确定"按钮。

6）写入 SFC。在写入模式下，利用 SFC 工具条进行 SFC 编程，然后选择"变换"菜单中的"变换"命令，将用 SFC 创建的程序变换为执行程序，如图 C-6 所示。

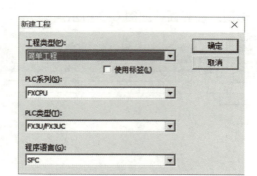

图 C-5　选择程序语言为"SFC"

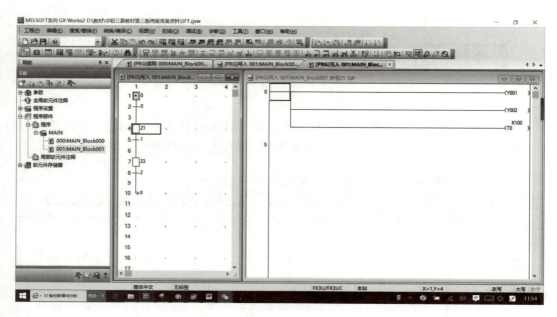

图 C-6　编写的 SFC

7）更改类型。SFC 可以转换为梯形图，而严格按照步进指令规则编写的梯形图也能转换成 SFC。转换时，选择"工程"菜单中的"工程类型更改"命令，弹出的"工程类型更改"相应的对话框如图 C-7 所示，选择"更改程序语言类型"，然后单击"确定"按钮。

图 C-7　"工程类型更改"对话框

8）连接目标。在"工程"栏右下角单击"连接目标"图标 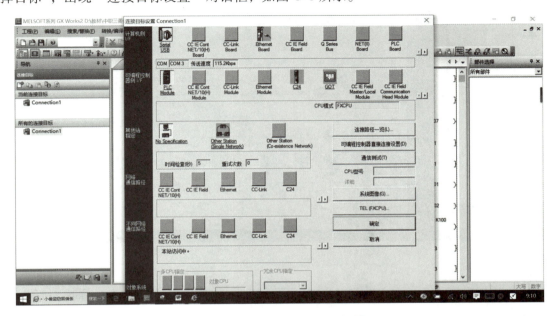，然后双击"当前选择目标"，出现"连接目标设置"对话框，如图 C-8 所示。

图 C-8　　"连接目标设置"对话框

9）传输设置。双击"连接目标设置"对话框左上角的"Serial usb"图标 ，弹出"计算机侧 I/F 串行详细设置"对话框，如图 C-9 所示。在该对话框中可以确定串行端口和传输速度，传送速度通常选"9.6kbps"，然后单击"确定"按钮。

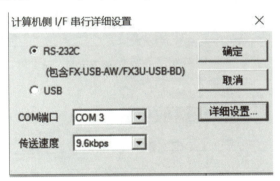

图 C-9　　"计算机侧 I/F 串行详细设置"对话框

10）通信测试。测试过程如图 C-10 所示。单击"通信测试"按钮，如出现"已成功与 FX3U/FX3UCCPU 连接"对话框，则表示通信已经建立，否则应改变传输设置，直到连接成功。连接成功后，单击"确定"按钮，并在"连接目标设置"对话框中，单击"确定"按钮，以保存设置内容。

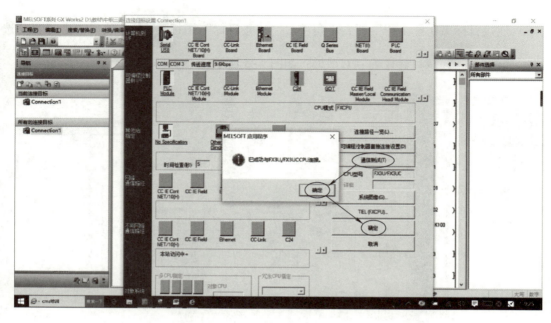

图 C-10　通信测试过程

11）将程序写入 PLC。在菜单上选择"在线"→"PLC 写入"命令，弹出对话框如图 C-11所示，选择程序"MAIN"，单击"执行"按钮。

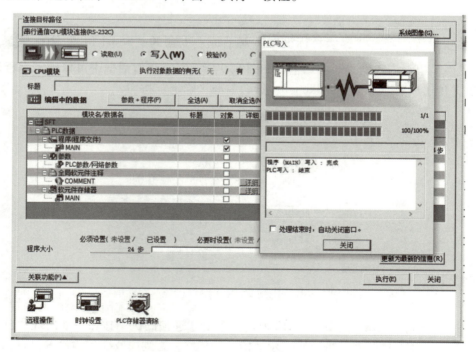

图 C-11　将程序写入 PLC

12）远程操作。传输结束后，可双击图 C-11 中左下角的"远程操作"图标，进入调试状态，如图 C-12 所示，使 PLC 进入运行状态。

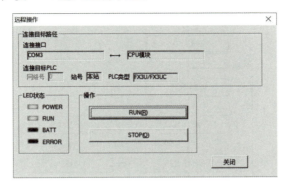

图 C-12　远程操作使 PLC 进入运行状态

13）模拟调试。可操作连接在 PLC 输入端的按钮或开关，观察输出 LED 的状态，也可利用"监视模式"功能在计算机屏幕上观察程序运行的情况，检查用户程序的正确与否，如图 C-13 所示。

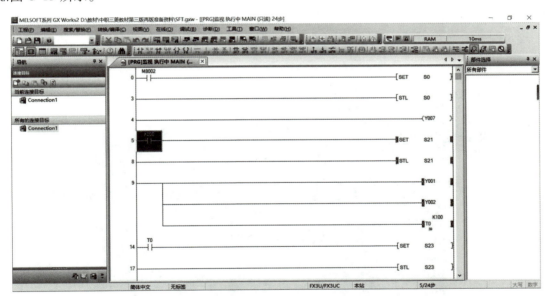

图 C-13　利用"监视模式"功能观察程序运行情况

三、SFC 的实施过程

下面以图 C-14 为例，说明 SFC 的实施过程，图 C-14 的原图是图 4-22，为适应 SFC 编程的需要，将原图中的 M0、M1 ~ M6 改为 S0、S21 ~ S26。

1）进入编程界面。单击编程软件图标进入编程界面，如图 C-15 所示。

2）创建新工程。创建新工程后，选择 FXCPU 系列、FX3U 类型、SFC 程序类型。添加两个数据块，Block0 为梯形图块，Block1 为 SFC 块，如图 C-16 所示，确定后的界面如图 C-17 所示。

3）编写梯形图。双击 Block0，先做梯形图块，当 X003 为 ON 时，初始状态 S0 有效，

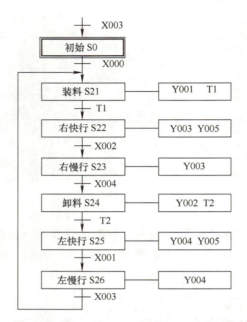

图 C-14　以状态转换图说明 SFC 的实施过程

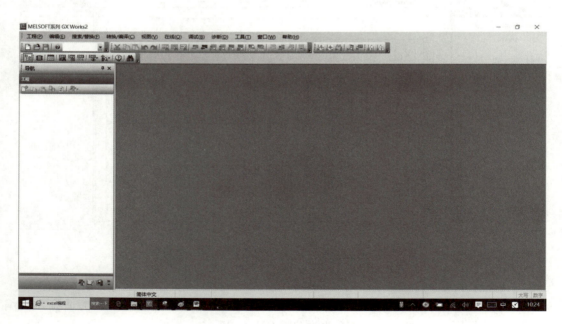

图 C-15　进入编程界面

用于 SFC 的引入，如图 C-18 所示。

　　4）SFC 编程。

　　① 双击 Block1，进入 SFC 编程界面，如图 C-19 所示。

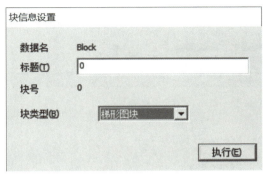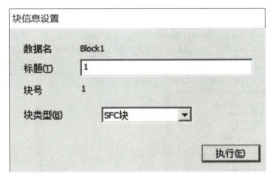

图 C-16　添加数据块

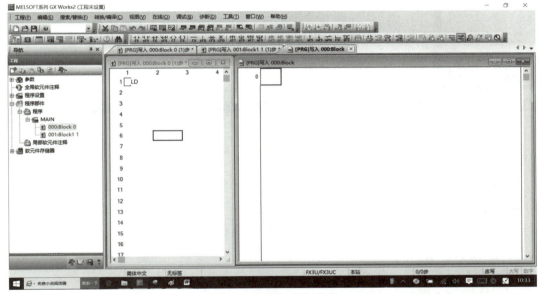

图 C-17　确定后的界面

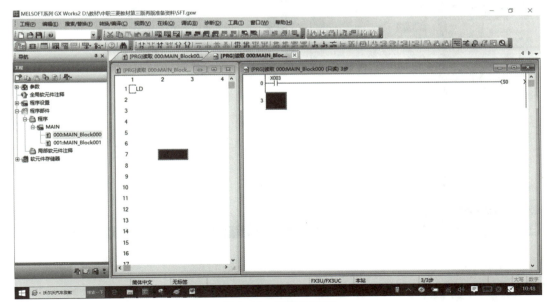

图 C-18　编写梯形图

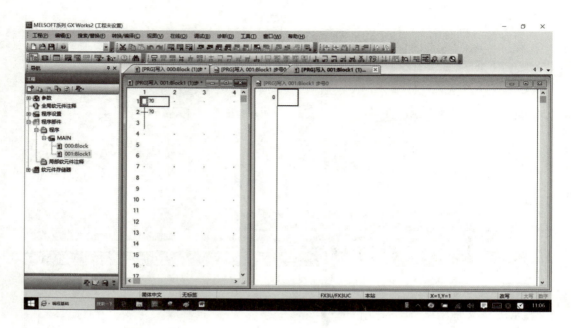

图 C-19　SFC 编程界面

② 确定各状态和转换条件的连接方式和编号，并利用 SFC 工具条图标中的步 ⬛、转移 ⬛ 和跳转 ⬛ 图标绘制及确定各状态（步）、转换条件的连接方式和编号，如确定跳转的标号为 21，表示在条件成立时跳转到步 21，如图 C-20 所示。

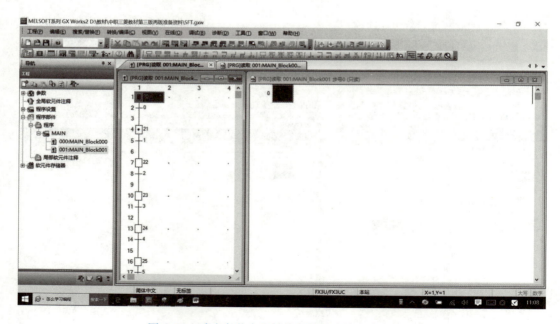

图 C-20　确定各状态和转换条件的连接方式和编号

③ 编写各状态的输出。单击各步，根据图 C-14，利用梯形图工具条编写各状态的输出。例如，步 22（S22）的输出操作编写如下：①单击步 22，②在右侧画出步 22 的输出，如图 C4-21 所示。

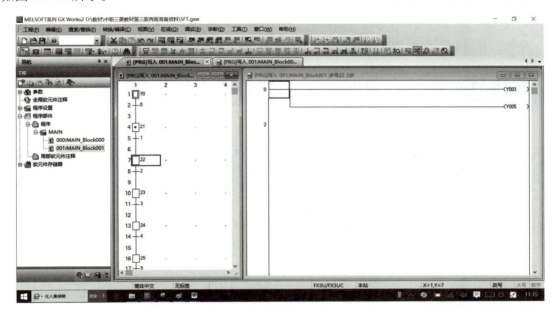

图 C-21　步 22（S22）的输出

④ 编写各状态间的转换条件，如步 22（S22）和步 23（S23）之间的转换条件是 X002。编写操作如下：单击转换条件 2，在右侧画出常开触点 X002，并键入 TRAN，如图 C-22 所示。

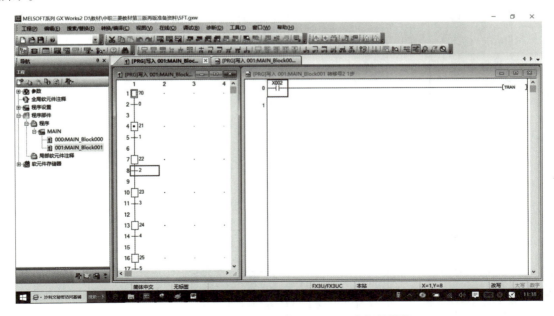

图 C-22　步 22（S22）和步 23（S23）之间的转换

从上面的过程可以看出，SFC 的编程结果和图 C-14 所示的状态转换图非常一致，所不同的是：①在 SFC 界面上各步的输出没有和步画在一起；②各步的转移条件也没有和转移画在一起；③转换到步 21 时采用了"跳转"符号，和图 C-14 中直接画到 S21 处的形式不一样。

显然，只要有了完整的状态转换图，绘制 SFC 程序是非常方便的。

附录 D　变频器命令代码说明

表 D-1　变频器命令代码表

项目		读取/写入	命令代码	数据内容	数据位数（格式）
运行模式		读取	H7B	H0000：网络运行 H0001：外部运行、外部运行（JOG 运行） H0002：PU 运行、外部/PU 组合运行、PUJOG 运行	4 位（B、E/D）
		写入	HFB	H0000：网络运行 H0001：外部运行 H0002：PU 运行（可通过基于 PU 接口的通信设定）	4 位（A、C/D）
监视	输出频率/转数（机械速度）	读取	H6F	H0000 ~ HFFFF：输出频率　单位 0.01Hz 可以变更为 Pr. 37、Pr. 53 的转数（机械速度）显示，可参照 FR – E800 使用手册（功能篇）	4 位[B、E(E2)/D]
	输出电流	读取	H70	H0000 ~ HFFFF：输出电流（十六进制）单位 0.01A	4 位（B、E/D）
	输出电压	读取	H71	H0000 ~ HFFFF：输出电压（十六进制）单位 0.1V	4 位（B、E/D）
	特殊监视	读取	H72	H0000 ~ HFFFF：通过命令代码 HF3 所选择的监视数据	4 位[B、E(E2)/D]
	特殊监视选择 No.	读取	H73	监视选择数据，关于选择 No.，可参照 FR – E800 使用手册（功能篇）	2 位（B、E1/D）
		写入	HF3		2 位（A1、C/D）
	异常内容	读数	H74 ~ H78	H0000 ~ HFFFF：过去两次的异常内容，关于异常内容读取数据，参照 FR – E800 使用手册（维护篇） 　　　b15　　　　　　b8b7　　　　　　b0 H74　1 次前的异常　｜　最新的异常 H75　3 次前的异常　｜　2 次前的异常 H76　5 次前的异常　｜　4 次前的异常 H77　7 次前的异常　｜　6 次前的异常 H78　9 次前的异常　｜　8 次前的异常 异常内容显示例（命令代码 H74 时）： 读取数据 H30A0 时	4 位（B、E/D）

（续）

项目		读取/写入	命令代码	数据内容	数据位数（格式）
监视	异常内容	读数	H74 ~ H78	（1 次前的异常……THT） （最新的异常……OPT） b15　　　　　　b8 b7　　　　　　　b0 `0 0 1 1 0 0 0 0 1 0 1 0 0 0 0 0` 　1 次前的异常　　　最新的异常 　　（H30）　　　　　（HA0）	4 位（B、E/D）
运行指令（扩展 1）		写入	HF9	可以设定正转信号（STF）及反转信号（SIR）等的控制输入指令	4 位（A、C/D）
运行指令		写入	HFA		2 位（A1、C/D）
运动指令（扩展 2）		写入	HFE		4 位（A、C/D）
变频器状态监视（扩展 1）		读取	H79	可以监视正转、反转中及变频器运行中（RUN）等的输出信号的状态	4 位（B、E/D）
变频器状态监视		读取	H7A		2 位（B、E1/D）
变频器状态监视（扩展 2）		读取	H7E		4 位（B、E/D）
设定频率（RAM）		读取	H6D	从 RAM 或 EEPROM 中读取设定频率/转数（机械速度） H0000 ~ HFFFF：设定频率，单位 0.01Hz 可以变更为 Pr.37、Pr.53 的转数（机械速度）显示，参照 FR－E800 使用手册（功能篇）	4 位［B、E（E2）/D］
设定频率（EEPROM）		读取	H6E		
设定频率（RAM）		写入	HED	向 RAM 或 EEPROM 中写入设定频率/转数（机械速度） H0000 ~ HE678（0 ~ 590.00Hz）：频率单位 0.01Hz 可以变更为 Pr.37、Pr.53 的转数（机械速度）显示，参照 FR－E800 使用手册（功能篇） 连续变更设定频率时，应写入变频器的 RAM（命令代码：HED）	4 位［A（A2）、C/D］
设定频率（RAM、EEPROM）		写入	HEE		
变频器复位		写入	HFD	H9696：复位变频器 从计算机进行通信时，由于变频器会被复位，因此无法向计算机发送回复数据	4 位（A、C/D）
				H9966：复位变频器 正常进行发送时，向计算机回复 ACK 后，变频器复位	4 位（A、D）

（续）

项目	读取/写入	命令代码	数据内容	数据位数（格式）
异常内容批量消除	写入	HF4	H9696：异常记录批量消除	4 位（A、C/D）
参数消除参数全部消除	写入	HFC	各参数将恢复至初始值 可根据数据选择是否消除通信用参数 1）参数消除： H9696：消除包含通信用参数在内的参数 H5A5A：消除通信用参数以外的参数 2）参数全部消除： H9966：消除包含通信用参数在内的参数 H55AA：消除通信用参数以外的参数 关于是否消除各项参数，请参照 FR－E800 使用手册（功能篇） 使用 H9696、H9966 进行消除后，通信相关的参数设定也会恢复到初始值，因此应在重新开始运行时重新设定参数。进行消除后，命令代码 HEC、HF3、HFF 的设定也会被消除 密码设定中，参照 FR－E800 使用手册（功能篇），仅限 H9966、H55AA（参数全部消除）可用	4 位（A、C/D）
参数	读取	H00 ~ H6B	请参照命令代码，即 FR－E800 使用手册（功能篇）中的相关内容，根据需要进行写入、读取。设定 Pr.100 以后的参数时，需要进行链接参数扩展设定	4 位（B、E/D）
	写入	H80 ~ HEB		4 位（A、C/D）
链接参数扩展设定	读取	H7F	根据设定进行参数内容的切换 设定值的详细内容请参照命令代码，见 FR－E800 使用手册（功能篇）	2 位（B、E1/D）
	写入	HFF		2 位（A1、C/D）
第 2 参数切换（命令代码 HFF ＝1、9）	读取	H6C	设定校正参数时 H00：频率 H01：参数设定的模拟值 H02：从端子输入的模拟值	2 位（B、E1/D）
	写入	HEC		2 位（A1、C/D）
多个命令	读取/写入	HF0	可写入两种类型的命令，可对读取数据进行两种类型的监视	10 位（A2、C1/D）

表 D-2　变频器运行指令表

项目	命令代码	位长度	内容	例
运行指令	HFA	8 位	b0：端子 4 输入选择 b1：正转指令 b2：反转指令 b3：RL（低速运行指令）[①] b4：RM（中速运行指令）[①] b5：RH（高速运行指令）[①] b6：第 2 功能选择 b7：MRS（输出停止）[①]	例 1：H02——正转 b7　　　　　　　　　b0 | 0 | 0 | 0 | 0 | 0 | 0 | 1 | 0 | 例 2：H00——停止 b7　　　　　　　　　b0 | 0 | 0 | 0 | 0 | 0 | 0 | 0 | 0 |
运行指令 （扩展）	HF9	16 位	b0：端子 4 输入选择 b1：正转指令 b2：反转指令 b3：RL（低速运行指令）[①] b4：RM（中速运行指令）[①] b5：RH（高速运行指令）[①] b6：第 2 功能选择 b7：MRS（输出停止）[①] b8：JOG 运行选择 2 b9：— b10：— b11：RES（变频器复位）[①②] b12 ~ b15：—	例 1：H0002——正转 b15　　　　　　　　　　　　　　　　　b0 | 0 | 0 | 0 | 0 | 0 | 0 | 0 | 0 | 0 | 0 | 0 | 0 | 0 | 0 | 1 | 0 | 例 2：H0804——低速反转运行 　　（设定 Pr. 184 RES 端子功能选择 = "0" 时） b15　　　　　　　　　　　　　　　　　b0 | 0 | 0 | 0 | 0 | 1 | 0 | 0 | 0 | 0 | 0 | 0 | 0 | 0 | 1 | 0 | 0 |
运行指令 （扩展 2）	HFE	16 位	b0：NET X1（—）[①] b1：NET X2（—）[①] b2：NET X3（—）[①] b3：NET X4（—）[①] b4：NET X5（—）[①] b5 ~ b15：—	例：H0001——低速运行 　　（设定 Pr. 185 NET X1 端子功能选择 = "0" 时） b15　　　　　　　　　　　　　　　　　b0 | 0 | 0 | 0 | 0 | 0 | 0 | 0 | 0 | 0 | 0 | 0 | 0 | 0 | 0 | 0 | 1 |

① 括号内的信号为初始状态。根据 Pr. 180 ~ Pr. 189（输入端子功能选择）的设定，内容会有所不同。详细内容请参照 FR – E800 使用手册（功能篇）的 Pr. 180 ~ Pr. 189（输入端子功能选择）。

② 由于复位无法通过网络进行控制，因此在初始状态下位 11 无效。使用位 11 时，应通过 Pr. 184 RES 端子功能选择变更信号（根据命令代码 HFD 可进行复位）。Pr. 184 的详细内容请参照 FR – E800 使用手册（功能篇）。

表 D-3　变频器状态监视指令表

项目	命令代码	位长度	内容	例

变频器状态监视	H7A	8 位	b0：RUN（变频器运行中）[1]
			b1：正转中
			b2：反转中
			b3：频率到达
			b4：过载警报
			b5：—
			b6：FU（输出频率检测）[1]
			b7：ABC（异常）[1]
				例 1：H03——正转中
				b7　　　　　　　b0
				`0 0 0 0 0 0 1 1`
				例 2：H80——因为发生异常而停止
				b7　　　　　　　b0
				`1 0 0 0 0 0 0 0`

变频器状态监视（扩展 1）	H79	16 位	b0：RUN（变频器运行中）[1]
			b1：正转中
			b2：反转中
			b3：频率到达
			b4：过载警报
			b5：—
			b6：FU（输出频率检测）[1]
			b7：ABC（异常）[1]
			b8：—
			b9：安全监视输出 2
			b10 ~ b14：—
			b15：重故障发生
				例 1：H0003——正转中
				b15　　　　　　　　　　　　　b0
				`0 0 0 0 0 0 0 0 0 0 0 0 0 0 1 1`
				例 2：H8080——因为发生异常而停止
				b15　　　　　　　　　　　　　b0
				`1 0 0 0 0 0 0 0 1 0 0 0 0 0 0 0`

变频器状态监视（扩展 2）	H7E	16 位	b0：NET Y1（—）[1] b1：NET Y2（—）[1] b2：NET Y3（—）[1] b3：NET Y4（—）[1] b4 ~ b15：—	例：H0001——因为发生异常而停止 （设定了 Pr. 193 NET Y1 端子动能选择 = "99（正逻辑）或 199（负逻辑）"时） b15　　　　　　　　　　　　　b0 `0 0 0 0 0 0 0 0 0 0 0 0 0 0 0 1`

[1] 括号内的信号为初始状态。根据 Pr. 190 ~ Pr. 196（输出端子功能选择）的设定，内容会有所不同。详细内容请参照 FR – E800 使用手册（功能篇）的 Pr. 190 ~ Pr. 196（输出端子功能选择）。

附录 E　实验部分

实验一、实验二和实验三的部分指令输入说明：如采用 GX Developer 编程，可直接在指令编程界面输入指令；如采用 GX Works2 编程，需手工将指令转换成梯形图，并在梯形图编程界面输入梯形图，也可在梯形图编程界面直接输入指令，这样能够自动生成梯形图。输入时应注意光标的位置。

实验一　基本逻辑指令

一、实验目的

熟悉 LD、LDI、AND、ANI、OR、ORI、ANB、ORB、OUT、END 指令。

二、实验内容

输入以下指令，将运行结果填入表内。

（1）LD　　X000

X000	ON	OFF
Y000		

　　　OUT　　Y000

（2）LDI　　X000

X000	ON	OFF
Y000		

　　　OUT　　Y000

（3）LD　　X000

X000	ON	OFF	OFF	ON
X001	ON	OFF	ON	OFF
Y000				

　　　AND　　X001

　　　OUT　　Y000

（4）LD　　X000

X000	ON	ON	OFF	OFF
X001	ON	OFF	ON	OFF
Y000				

　　　OR　　X001

　　　OUT　　Y000

（5）LD　　X000

X000	ON	ON	OFF	OFF
X001	ON	OFF	ON	OFF
Y000				

　　　ANI　　X001

　　　OUT　　Y000

（6）LD　　　X000

　　　ORI　　　X001

　　　OUT　　　Y000

X000	ON	ON	OFF	OFF
X001	ON	OFF	ON	OFF
Y000				

（7）LD　　　X000

　　　AND　　　X001

　　　LD　　　X002

　　　AND　　　X003

　　　ORB

　　　OUT　　　Y000

X000、X001	全 ON	全 OFF	一个 OFF	全 OFF
X002、X003	全 OFF	全 ON	全 OFF	一个 0FF
Y000				

（8）LD　　　X000

　　　OR　　　X001

　　　LD　　　X002

　　　OR　　　X003

　　　ANB

　　　OUT　　　Y000

X000、X001	全 ON	全 OFF	一个 OFF	全 OFF
X002、X003	全 OFF	全 ON	全 OFF	一个 OFF
Y000				

（9）LD　　　X000

　　　OR　　　X001

　　　AND　　　X002

　　　OUT　　　Y000

X000	ON	ON	ON	ON	OFF	OFF	OFF	OFF
X001	ON	ON	OFF	OFF	ON	ON	OFF	OFF
X002	ON	OFF	ON	OFF	ON	OFF	ON	OFF
Y000								

（10）LDI　　　X000

　　　AND　　　X001

　　　OR　　　X002

　　　OUT　　　Y000

X000	ON	ON	ON	ON	OFF	OFF	OFF	OFF
X001	ON	ON	OFF	OFF	ON	ON	OFF	OFF
X002	ON	OFF	ON	OFF	ON	OFF	ON	OFF
Y000								

<h3 align="center">实验二　脉冲和位置、复位指令</h3>

一、实验目的

熟悉 LDP、LDF、ANDP、ANDF、ORP、ORF、PLS、PLF、SET、RST 指令。

二、实验内容

输入如下指令，转换成梯形图，变换输入状态，描述运行结果。

（1）LDP　　　X000　　　　　运行结果：

　　　OUT　　　Y000

（2）LDP　　　X000　　　　运行结果：
　　　SET　　　Y000

（3）LD　　　　X000　　　　运行结果：
　　　ANDF　　X001
　　　OUT　　　Y000

（4）LD　　　　X000　　　　运行结果：
　　　ORF　　　X001
　　　OUT　　　Y000

（5）LDP　　　X000　　　　运行结果：
　　　SET　　　Y000
　　　LDF　　　X001
　　　RST　　　Y000

（6）LD　　　　X000　　　　运行结果：
　　　PLS　　　M0
　　　LDI　　　X001
　　　PLF　　　M1
　　　LD　　　　M0
　　　SET　　　Y001
　　　LD　　　　M1
　　　RST　　　Y001

实验三　存储、主控和跳转指令

一、实验目的
熟悉 MPS、MRD、MPP、MC、MCR、CJ 指令。

二、实验内容
1. 输入如下指令，转换成梯形图，变换输入状态，描述运行结果

（1）LD　　　　X006
　　　MPS
　　　AND　　　X007
　　　OUT　　　Y004
　　　MRD
　　　AND　　　X000

```
OUT     Y005
MRD                          运行结果：
AND     X001
OUT     Y006
MPP
AND     X002
OUT     Y007


(2) LD      X000             运行结果：
    MPS
    LD      X001
    OR      X002
    ANB
    OUT     Y000
    MPP
    LD      X003
    AND     X004
    LD      X005
    AND     X006
    ORB
    ANB
    OUT     Y001
```

2. 输入如下梯形图，比较其运行结果

（1）

比较运行结果：

（2）

```
  X000
──┤├──┬──────────────────────────────( Y003 )
      │   X001
      ├───┤├──┬──────────────────────( Y002 )
      │       │   X002
      │       ├───┤├──┬──────────────( Y001 )
      │       │       │   X003
      │       │       ├───┤├─────────( Y000 )
```

3. 输入如下梯形图，比较其运行结果

（1）

比较运行结果：

```
  X000
──┤├──────────────[ CJ     P8  ]

  X001
──┤├──────────────────( Y000 )

  X002                    K20
──┤├──────────────────( T0  )

  X003
──┤├──────────────[ RST    C0  ]

  X004                    K10
──┤├──────────────────( C0  )

P8
  X005
──┤├──────────────────( Y001 )
```

（2）

```
  X000
──┤├──────────────[ MC    N0    M100 ]

  X001
──┤├──────────────────( Y000 )

  X002                    K20
──┤├──────────────────( T0  )

  X003
──┤├──────────────[ RST    C0  ]

  X004                    K10
──┤├──────────────────( C0  )

──────────────────[ MCR    N0  ]

  X005
──┤├──────────────────( Y001 )
```

实验四 定时器和计数器

一、实验目的
熟悉定时器和计数器的应用。

二、实验内容

1. 输入如下梯形图（见图 E-1～图 E-4），观察运行结果，画出波形图

（1）

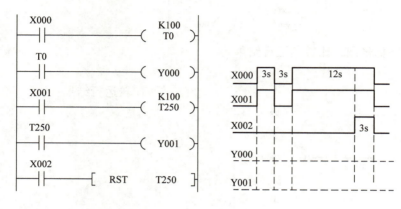

图 E-1

（2）

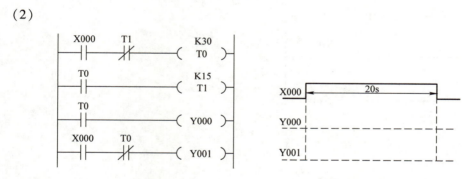

图 E-2

（3）

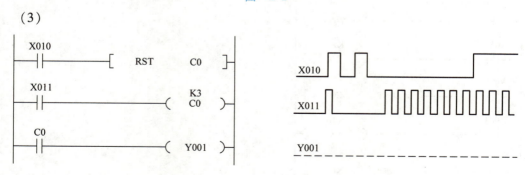

图 E-3

（4）

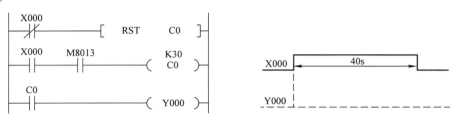

图　E-4

2. 改变图 E-1 ~ 图 E-4 所示梯形图的参数，观察运行结果

3. 输入以下指令，画出梯形图，查看运行结果，分析其功能

LD	X001
OR	M1
RST	C0
LD	X000
OUT	C0 K6
LD	C0
OR	M1
ANI	T0
OUT	M1
LD	M1
OUT	T0 K100
LD	M1
OUT	Y000

实验五　传送、比较移位指令

一、实验目的
熟悉 MOV、CMP、SFTR、SFTL 指令。

二、实验内容
输入如下梯形图（见图 E-5 ~ 图 E-8），观察运行情况。

（1）

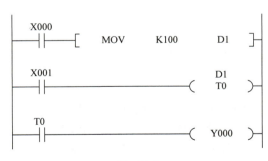

图　E-5

（2）若将（1）中MOV改为MOVP，观察运行结果

（3）

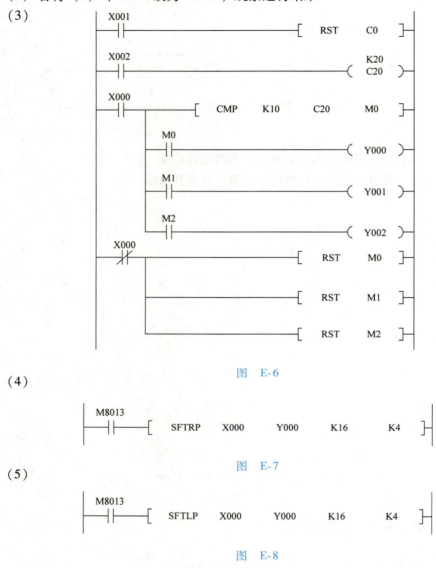

图　E-6

（4）

M8013 ——[SFTRP　X000　　Y000　　K16　　K4]

图　E-7

（5）

M8013 ——[SFTLP　X000　　Y000　　K16　　K4]

图　E-8

实验六　简单程序设计

一、实验目的
通过实验加深对应用程序设计方法的认识。

二、实验内容
1. 两个电动机的联锁控制
（1）硬件接线　SB1、SB2分别为电动机M1的起动、停止按钮，接入X000、X001；SB3、SB4分别为电动机M2的起动、停止按钮，接入X002、X003。所有按钮均为常开。接触器KM1、KM2的主触点分别控制电动机M1、M2，接触器线圈分别接Y000、Y001。

（2）控制要求

1）M1 起动后，M2 才能起动。

2）M2 可自行停止，M1 停止时，M2 必须停止。

（3）控制程序

LD　　X000

OR　　Y000

ANI　　X001

OUT　　Y000

LD　　X002

OR　　Y001

ANI　　X003

AND　　Y000

OUT　　Y001

END

2. 交通信号灯控制系统

（1）输入/输出点分配

输入		输出	
输入点	功能	输出点	功能
X000	自动起动按钮	Y000	东西红灯
X001	自动停止按钮	Y001	东西黄灯
X002	手动/自动选择开关	Y002	东西绿灯
X003	夜间黄灯按钮	Y003	南北红灯
X004	紧急红灯按钮	Y004	南北黄灯
X005	手动控制开关	Y005	南北绿灯

（2）控制要求

1）自动状态（常开触点 X002 闭合）时，按下起动按钮，能按照东西红灯亮，南北绿灯亮→东西红灯，南北黄灯亮→东西绿灯，南北红灯亮→东西黄灯，南北红灯亮→东西红灯，南北绿灯亮……循环动作。按下停止按钮，解除自动状态，全部交通信号灯均不亮。

2）按下夜间黄灯按钮，四面黄灯闪烁。按下停止按钮，解除夜间状态。

3）手动状态（常开触点 X002 断开）时，由 X005 控制交通，常开触点 X005 闭合，南北红灯亮，东西绿灯亮，常开触点断开时，南北绿灯亮，东西红灯亮。

4）在任何时间，只要按下紧急红灯按钮，四面红灯全亮，按下停止按钮便能解除紧急状态。

（3）控制程序　控制指令表如下，画出梯形图，说明其功能。输入程序，调试并试运行。

0	LD	X004	31	AND	T2	62	OR	M4
1	OR	M10	32	OR	M3	63	OR	M10
2	ANI	X001	33	ANI	M4	64	OUT	Y003
3	OUT	M10	34	OUT	M3	65	LD	M12
4	LD	X002	35	LD	M3	66	AND	M8013
5	OR	X003	36	AND	T3	67	OR	M2
6	ANI	M10	37	OR	M4	68	OUT	Y004
7	ANI	X001	38	ANI	M1	69	LDI	X002
8	OUT	M11	39	OUT	M4	70	AND	X005
9	LD	X003	40	MCR	N0	71	ANI	M10
10	OR	M12	42	LDI	X002	72	OR	M1
11	AND	M11	43	AND	X005	73	OUT	Y005
12	ANI	X001	44	ANI	M10	74	LD	M1
13	OUT	M12	45	OR	M1	75	OUT	T1
14	LD	M11	46	OR	M2			K100
15	ANI	M12	47	OR	M10	78	LD	M2
16	MC	N0	48	OUT	Y000	79	OUT	T2
		M101	49	LD	M12			K30
19	LD	M4	50	AND	M8013	82	LD	M3
20	AND	T4	51	OR	M4	83	OUT	T3
21	OR	X000	52	OUT	Y001			K200
22	OR	M1	53	LDI	X002	86	LD	M4
23	ANI	M2	54	ANI	X005	87	OUT	T4
24	OUT	M1	55	ANI	M10			K40
25	LD	M1	56	OR	M3	90	END	
26	AND	T1	57	OUT	Y002			
27	OR	M2	58	LDI	X002			
28	ANI	M3	59	ANI	X005			
29	OUT	M2	60	ANI	M10			
30	LD	M2	61	OR	M3			

参 考 文 献

［1］戴一平. 可编程控制器技术及应用（欧姆龙机型）［M］. 4版. 北京：机械工业出版社，2023.

［2］孙平，潘康俊. 电气控制与PLC［M］. 4版. 北京：高等教育出版社，2021.

［3］三菱电机. FX3S/FX3G/FX3GC/FX3U/FX3UC系列用户手册［Z］. 2020.

［4］三菱电机. FX1S系列微型可编程控制器使用手册［Z］. 2012.

［5］三菱电机. FX1N系列微型可编程控制器使用手册［Z］. 2012.

［6］三菱电机. FX2N系列微型可编程控制器使用手册［Z］. 2012.

［7］三菱电机. FX3S/FX3G/FX3GC/FX3U/FX3UC系列编程手册［Z］. 2020.

［8］三菱电机. FX用户手册：通信篇［Z］. 2020.